Mikroschalter in der Praxis

Alexander Czechowicz

Mikroschalter in der Praxis

Grundlagen, Auswahl und Beispiele

Unter Mitarbeit von Stephan Kordel und
Oliver Behrendt

Alexander Czechowicz
ECC Switches & Subsystems IPG / APG
Johnson Electric Deutschland GmbH & Co KG
Halver, Deutschland

ISBN 978-3-658-49412-4   ISBN 978-3-658-49413-1 (eBook)
https://doi.org/10.1007/978-3-658-49413-1

Die Deutsche Nationalbibliothek verzeichnet diese Publikation in der Deutschen Nationalbibliografie; detaillierte bibliografische Daten sind im Internet über https://portal.dnb.de abrufbar.

Planung/Lektorat: Eric Blaschke
Springer Vieweg ist ein Imprint der eingetragenen Gesellschaft Springer Fachmedien Wiesbaden GmbH und ist ein Teil von Springer Nature.
Die Anschrift der Gesellschaft ist: Abraham-Lincoln-Str. 46, 65189 Wiesbaden, Germany

Vorwort

Mikroschalter sind aus keinem elektrischen System wegzudenken. Man könnte meinen, dass diese kleinen mechanischen Schalter allmählich durch andere Technologien wie kapazitive Touchfolien oder Hallsensoren ersetzt werden. Doch das Gegenteil ist der Fall. Mikroschalter überzeugen durch ihre Einfachheit und Zuverlässigkeit und stellen für viele Anwendungen immer noch die kostengünstigste Lösung zur Detektion von mechanischen Geräte- und Systemzuständen dar.

Zum einen gibt es aufgrund der zunehmenden Elektronik in Geräten immer mehr Statusabfragen, für die ein einfacher Schalter als Sensor genutzt wird. Beispiele hierfür sind Kaffeemaschinen. Der Trend von Oma's Filterkaffeemaschine hin zu Barista-Vollautomaten mit allem möglichen Zubehör sei hier als Beispiel erwähnt. In diesen Vollautomaten gibt es zahlreiche Abfragen, wie zum Beispiel:

- Ist der Kaffeetresterbehälter eingeschoben?
- Ist ein Milchschäumeraufsatz eingesetzt?
- Ist der Wassertank eingesetzt?

Zum anderen gibt es immer mehr neuartige Geräte, die den Markt erobern, wie beispielsweise voll automatisierte Küchenmaschinen. Diese Entwicklungen treiben die Nachfrage nach Mikroschaltern und verhindern größtenteils deren Substitution durch andere Technologien. Der Grund dafür ist einfach: Ein Mikroschalter ist immer noch das günstigste und zuverlässigste Element. Es gibt viele Hersteller, die Mikroschalter in ihrem Programm haben, was zu einem hohen Wettbewerb führt und dafür sorgt, dass es immer genügend Anbieter gibt, die teilweise baugleiche Schalter anbieten.

Schalter sind kleine elektromechanische Präzisionswunderwerke, die täglich millionenfach weltweit produziert werden. Die Herausforderung besteht darin, die Produktion stets stabil und zuverlässig zu gewährleisten und jeden einzelnen produzierten Schalter vor der Auslieferung auf seine Schlüsselparameter hin zu testen. Das bedeutet, dass eine konstante Überwachung der benötigten Serienwerkzeuge, deren Reinheit und der Vormaterialien erforderlich ist. Auch wenn das Resultat klein, einfach und unscheinbar erscheint, ist die Herstellung alles andere als einfach.

Die Kostentreiber eines Schalters sind im Wesentlichen die benötigten Metalle, insbesondere das Kontaktmaterial. Das Kontaktmaterial hängt von den Anforderungen ab. Je mehr Schaltvorgänge ein Schalter leisten muss und je höher die Last bzw. die Stromstärke ist, desto mehr Kontaktmaterial wird benötigt. Das Kontaktmaterial besteht meist aus Silber oder einer Silberlegierung, manchmal mit Gold veredelt. Diese Edelmetalle sind oft der dominierende Kostenfaktor.

Dieses Buch gibt dem geneigten Leserinnen und Lesern tiefe Einblicke in die faszinierende Welt der Schalter.

Halver, Deutschland   Oliver Behrendt
im März 2025   Stephan Kordel
                                       Alexander Czechowicz

Interessenkonflikt

Die Autor*innen haben keine für den Inhalt dieses Manuskripts relevanten Interessenkonflikte.

Inhaltsverzeichnis

1 Einleitung 1

2 Elektromechanische Schalter in unserem Alltag 3
   2.1 Motivation für den Einsatz elektrischer Schalter 3
   2.2 Einsatzgebiete elektrischer Mikroschalter 6
   2.3 Historie elektrischer Mikroschalter und Entwicklungstrends 7

3 Konstruktive Ausführungen von Mikroschaltern 11
   3.1 Mikro-Schnappschalter mit abhebenden Kontakten 13
      3.1.1 Ausführungsformen elektromechanischer Schnappschalter 13
      3.1.2 Kräfte und Wege im Mikroschnappschalter 17
      3.1.3 Dynamisches Umschaltverhalten 19
      3.1.4 Konfigurationsmöglichkeiten von Mikroschnappschaltern 21
      3.1.5 Schnappschalter als Doppelumschalter 23
   3.2 Zwangsöffnende Schalter 24
   3.3 Lineare und proportionale Schalter mit gleitenden Kontakten 25
   3.4 Schalter mit integrierten Funktionen 28
   3.5 Technische Einsatzanforderungen von Mikroschaltern 29
      3.5.1 Elektrische Einsatzanforderungen 30
      3.5.2 Mechanische und elektrische Anbindung· 32
      3.5.3 Lebensdauer 33
      3.5.4 Umgebungsbedingungen 34
      3.5.5 Vibrationen 39

4 Schaltkontakte in Mikroschaltern 41
   4.1 Schaltkontakt und Übergangswiderstand 41
   4.2 Der Lichtbogen und sein Einfluss auf die Lebensdauer 43
   4.3 Schaltkontaktstellenbedingte Erwärmung des Mikroschalters 46
   4.4 Kontaktprofilgeometrie 47
   4.5 Kontaktelementwerkstoffe 49

5   Validierung elektrischer Mikroschalter 51
    5.1   Definitionen Zulassungen und Zertifikate 51
    5.2   Validierung grundlegender technischer Eigenschaften 53
        5.2.1   Validierung der Schaltcharakteristik 53
        5.2.2   Validierung der Staub- und Wasserdichtigkeit 54
        5.2.3   Validierung der thermischen und chemischen Beständigkeit 55
        5.2.4   Validierung der Vibrationsfestigkeit 56
        5.2.5   Validierung des Temperaturanstiegs 57
    5.3   Elektrische und mechanische Lebensdauer 58
    5.4   Produktionsbegleitende Validierungen 60

6   Auswahlmethodik für elektrische Mikroschalter 63
    6.1   Mechanische Applikationsparameter 65
    6.2   Elektrische Schaltwerte 67
    6.3   Temperaturbeständigkeit 67
    6.4   Lebensdauer im Nennarbeitsbereich 68
    6.5   Schaltfunktion 68
    6.6   Schutzfunktionen 68
    6.7   Sonderbeanspruchungen 69
    6.8   Elektrische Zertifizierungen 69
    6.9   Elektrische Systemanbindung 70
    6.10   Mechanische Anbindung und Krafteinkopplung 70
    6.11   Integrationskonzept 71

7   Anwendungsbeispiele 73
    7.1   Schwimmschalter in einer Geschirrspülmaschine 73
    7.2   Elektronischer Komponententräger in der Autositzverstellung 74
    7.3   Zweihandschaltung in Gartengeräten 75

8   Zukünftige Entwicklungen in Mikroschaltern 79

Glossar 83

Quellenverzeichnis 87

Stichwortverzeichnis 89

Abkürzungsverzeichnis

AC	Wechselstrom (aus dem Englischen: alternating current)
AOI	Automatisierte optische Prüfung (aus dem Englischen: automated optical inspection)
ATEX	Explosionsschutz (aus dem Englischen: atmospheres explosives)
CCC	China Compulsory Certification
COM-Kontakt	Gemeinsamer elektrischer Kontakt
CSA	Canadian Standards Association
DC	Gleichstrom (aus dem Englischen: direct current)
DIN	Deutsches Institut für Normung
EKT	Elektrokomponententräger
EMV	Elektromagnetische Verträglichkeit
EN	Europäische Norm
ENEC	European Norms Electrical Certification
F_A	Auftriebskraft
F_B	Betätigungskraft
F_{BU}	Zum Umschalten notwendige Betätigungskraft
F_C	Federkraft
F_F	Federspannkraft
F_K	Kontaktkraft (normal auf Kontakt)
F_S	Resultierende Kraft an der Kontaktstelle
F_V	Vorschubkraft
IEC	International Electrotechnical Commission
IP	Eindringschutz (aus dem englischen: ingress protection)
ISO	International Organization for Standardization
KI	Künstliche Intelligenz
NO-Kontakt	Normal geöffneter Kontakt
NC-Kontakt	Normal geschlossener Kontakt
MC-Kontakt	Beweglicher Kontakt („moving contact")
RAST	Raster-Anschluss-Steck-Technik, standardisiertes Steckersystem
R_E	Engewiderstand

REACH	Registrierung, Bewertung, Zulassung und Beschränkung von Chemikalien
R_F	Fremdschichtwiderstand
R_K	Kontaktwiderstand
T_A	Raumtemperatur
T_O	Obere (Prüf-)Temperatur
T_U	Untere (Prüf-)Temperatur
UL	Underwriters Laboratories, unabhängige Prüforganisation (USA)
U_{NC}	Messspannung am NC-Kontakt
U_{NO}	Messspannung am NO-Kontakt

Einleitung 1

Mikroschalter sind kleine, aber äußerst präzise elektromechanische Schalter, die in einer Vielzahl von Anwendungen zur Erkennung von Positionen oder zur Steuerung von Maschinen eingesetzt werden. Sie werden oft als Standardkomponenten betrachtet, sodass ihnen in der Produktentwicklung nicht immer die nötige Aufmerksamkeit geschenkt wird. Jedoch ist es entscheidend, bei der Auswahl eines Mikroschalters eine Vielzahl von Parametern zu berücksichtigen, darunter elektrische, mechanische und werkstofftechnische Eigenschaften. Mikroschalter sind in zahlreichen Varianten erhältlich (vgl. Abb. 1.1), und eine einzige Produktfamilie kann mehr als 400 Detailkonfigurationen umfassen. Diese Vielfalt stellt Ingenieure vor die Herausforderung, den optimalen Schalter für ihre spezifische Anwendung zu finden.

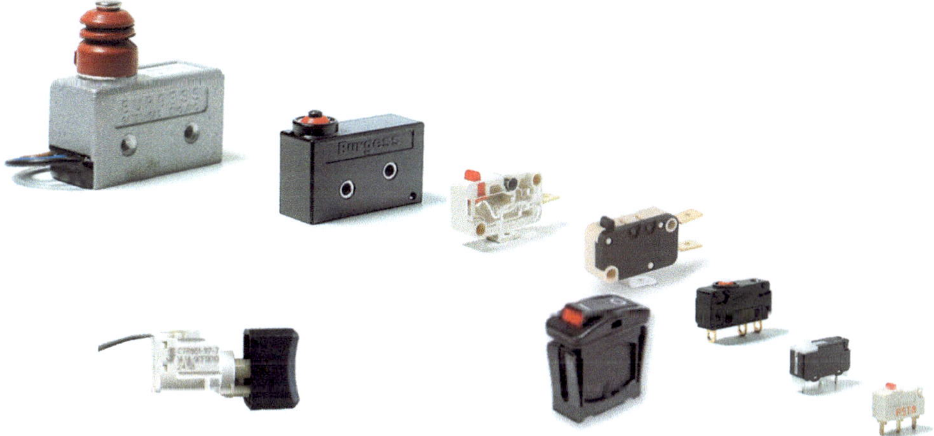

Abb. 1.1 Übersicht unterschiedliche Mikroschalter, von der Baugröße Standard bis zu Ultraminiatur

Dieses Buch bietet eine umfassende Einführung in die Welt der elektromechanischen Mikroschalter. Es richtet sich an Fachleute der industriellen Praxis, die ein tiefgehendes Verständnis für die Funktionsweise, Auswahl und Anwendung dieser wichtigen Komponenten entwickeln möchten.

Zunächst werden daher die grundlegenden Eigenschaften und Funktionsprinzipien von Mikroschaltern vorgestellt. Hierbei wird auf die verschiedenen Einsatzarten, Bauformen, Betätigungsarten und technischen Anforderungen an Mikroschalter eingegangen. Ziel ist es, den Lesenden ein solides Fundament zu vermitteln, auf dem die weiteren Buchteile aufbauen.

Im zweiten Buchteil wird ein detaillierter Blick ins Innere eines Mikroschalters geworfen. Der Fokus liegt auf dem Schaltkontakt, der das Herzstück jedes Mikroschalters bildet. Es werden die verschiedenen Kontaktmaterialien und ihre Eigenschaften kurz vorgestellt. Weiterhin werden die einschlägigsten Normwerke zum Einsatz von Mikroschaltern sowie Validierungsvorgaben und Testprozeduren vorgestellt.

Der Schlussteil widmet sich der methodischen Auswahl bzw. Parameterbestimmung von Mikroschaltern sowie der Vorstellung ausgesuchter Anwendungen von Mikroschaltern.

Elektromechanische Schalter in unserem Alltag 2

2.1 Motivation für den Einsatz elektrischer Schalter

Elektromechanische Schalter werden in unserem Alltag verwendet, um Stromkreise in elektrisch betriebenen Geräten zu schließen, zu öffnen oder umzuschalten. Die Kernkomponente eines jeden elektromechanischen Schalters ist der elektrische Schaltkontakt, der je nach *mechanischer* Beeinflussung einen elektrischen Übergang zwischen den Schaltkontaktelementen herstellen kann. Die Schaltkontaktelemente, z. B. zwei Kontaktniete, bilden eine trennbare elektrische Leitung.

Elektrische Schaltkontakte im allgemeinen können auf drei Systemebenen betrachtet werden (vgl. Abb. 2.1): Auf der Ebene der Stromversorgung befinden sich zwischen der Stromerzeugung und der Stromnutzung, z. B. im elektromechanischen Lichtschalter eines Kühlschranks, etwa 200 lösbare bzw. öffnende und schließende Kontakte. Die entsprechenden Hochspannungs- und Leistungsschalter auf der Ebene der Stromversorgung beinhalten komplexe elektromechanische Konstruktionen sowie teilweise elektromechanische Aktoren mit integrierter Elektronik zur Beeinflussung des dynamischen Schaltverhaltens. Da sich diese Publikation auf elektromechanische Schalter in technischen Produkten bis zu einer Schaltleistungsklasse von maximal 4 kW konzentriert, werden Leistungsschalter zur Bereitstellung elektrischer Energie (geschaltete Leistung >> 4 kW) nicht betrachtet.

Auf Produktebene gibt es für elektromechanische Schalter zwei grundlegende Anwendungen: die Beeinflussung von Schaltsignalen sowie die Bereitstellung einer Schaltleistung zum Betrieb elektrischer Verbraucher. Prinzipiell zeigen beide Anwendungen auf Produktebene ein vergleichbares Schaltverhalten, jedoch auf unterschiedlichen elektrischen Leistungspegeln. Sie bilden jeweils ein Bindeglied zwischen mechanischen und elektrischen Funktionskreisen in mechatronischen und elektrotechnischen Produkten.

© Der/die Herausgeber bzw. der/die Autor(en), exklusiv lizenziert an Springer Fachmedien Wiesbaden GmbH, ein Teil von Springer Nature 2025
A. Czechowicz, *Mikroschalter in der Praxis*,
https://doi.org/10.1007/978-3-658-49413-1_2

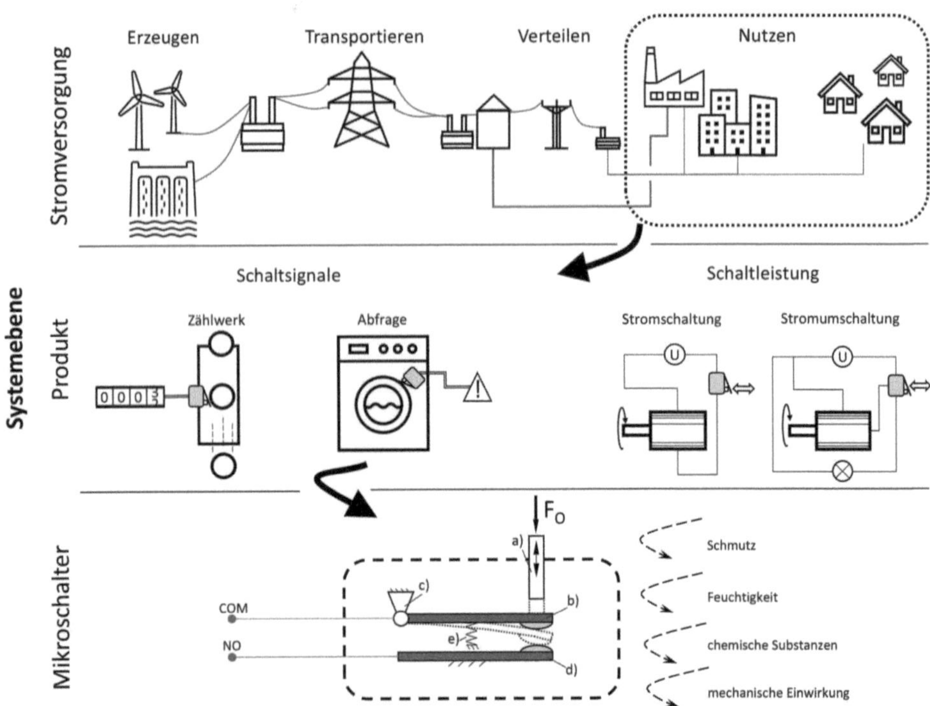

Abb. 2.1 Systemeinsatz von Schaltern und Mikroschaltern, (oben) Einsatz von Schaltern in der Stromversorgung, (mittig) Einsatz von Mikroschaltern in Signalschaltung und Leistungsschaltung auf Produktebene, (unten) prinzipieller Aufbau eines Mikroschalters mit (**a**) Betätigungsstößel, (**b**) beweglicher Kontakt, (**c**) Lagerung mit einem Freiheitsgrad, (**d**) feststehender Kontakt, (**e**) Rückstellfeder

Schaltsignale nutzen in elektronischen Produktanwendungen üblicherweise Schaltströme unterhalb von 1 A, oftmals im Bereich weniger Milliampere. Diese werden im Folgenden als Signale bzw. Signalströme bezeichnet. Dabei werden üblicherweise entsprechende Signalgleichspannungen im Bereich von 0,5 bis 24 V verwendet. Signalspannungen dienen dazu, mechanische Informationen über Systemzustände wie etwa von Maschinen, Anlagen und Fahrzeugen an eine übergeordnete Informationsverarbeitungselektronik weiterzugeben. Diese Signale werden auch als Logiksignale bezeichnet, deren Signalpegel in zumeist zwei definierten Spannungshöhen (‚low' nahe 0 V und ‚high' beispielsweise um 5 bis 24 V) definiert werden. So kann etwa in einem Haushaltsgerät oder in einem Fahrzeug in der Türmechanik ein Mikroschalter eingesetzt werden, der bei Betätigung einen Signalstromkreis schließt. Durch Schließung dieses Stromkreises, der zur Steuerelektronik des übergeordneten Systems führt, kann die Information zum aktuellen Zustand kontinuierlich erfasst werden.

Eine andere Signalanwendung für Mikroschalter kann beispielsweise zur Zustandsdetektion einer Zählmechanik verwendet werden. In der Produktionstechnik kann beispielsweise ein mechanisches Zählwerk über einen Mikroschalter betrieben werden. Beim Passieren des Zählguts am Mikroschalter wird der Betätiger des Mikroschalters bewegt, sodass im Resultat der elektrische Kontakt im Mikroschalter kurzzeitig geschlossen wird. Eine Auswertelektronik nimmt diesen logischen Pegelwechsel an ihrem Signaleingang auf. Bei jedem Übergang zwischen einem offenen und einem geschlossenen Signalstromkreis (als Flankenwechsel bezeichnet) kann die Informations-verarbeitungselektronik den Zählerstand im digitalen Zählwerk erhöhen.

Schalter, die eine Schaltleistung übertragen, arbeiten sowohl mit Gleich- als auch Wechselspannungen sowie hohen Strömen. Diese werden im Folgenden als Last- bzw. Hilfsströme bezeichnet. Innerhalb dieser Betrachtung werden die elektrischen Schaltleistungswerte bis 230 V bei 16 A berücksichtigt. Diese Schalter trennen bzw. verbinden je nach Schaltstellung einen der elektrischen Pole des Elektromotors mit der Stromquelle. Beispielsweise kann so ein einfacher Schutzmechanismus einer Maschinentür (z. B. in der Spülmaschine) realisiert werden. Im betätigten Zustand ist der Schaltkontakt geschlossen, sodass ein elektrischer Laststrom von einem Leistungsverstärker an einen Elektromotor geleitet werden könnte. Wird der Mikroschalter entlastet, trennen sich die Kontaktelemente, sodass der zuvor durchgeleitete Laststrom nicht mehr an den Elektromotor geleitet wird. Im Anwendungsbeispiel einer Spülmaschine würde der vom Türschließmechanismus betätigte Schalter dafür sorgen, dass ein Laststrom nur bei geschlossener Spülmaschinentür an den Pumpenmotor geleitet wird. Ein Mikroschalter mit Umschaltfunktion kann zudem genutzt werden, um den Strom vom Motor zu trennen und gleichzeitig diesen auf eine Lampe (z. B. als Warnlicht) zu schalten.

Auf der Ebene des Mikroschalters (vgl. unterer Teil von Abb. 1.1) ist der eigentliche Schalter auf der Ebene des elektromechanischen Schaltkontaktes dargestellt. Dieser besteht aus den Schaltkontaktelementen, wobei zumindest eines dieser Elemente beweglich mechanisch gelagert sein muss. Durch einen Stößel, wird der bewegliche Kontakt an den feststehenden Kontakt herangeführt. Dabei wirkt eine Federkraft der Betätigung entgegen. Die Federkraft, welche durch entsprechende mechanische Komponenten im Mikroschalter integriert ist, dient der Kontakttrennung bei Entlastung des Stößels und stellt so den Ausgangszustand des Mikroschalters wieder her.

Die elektrische Kontaktstelle zeichnet sich vor allem durch den elektrischen Übergangswiderstand aus. Bei offenem Kontakt ist der Übergangswiderstand unendlich, während er bei geschlossenem Kontakt weniger als 0,1 Ohm betragen kann. Durch Änderungen der Oberflächen der elektrischen Kontakte, die den Übergang bilden, kann sich der Übergangswiderstand ändern. Daher müssen sowohl die Kontaktstelle als auch die Feinmechanik eines Mikroschalters vor Schmutz, Feuchtigkeit, chemischen Substanzen und direkter mechanischer Einwirkung (z. B. durch menschliches Eingreifen) geschützt werden. Mikroschalter werden daher in einem Gehäuse eingefasst, welches zudem als Träger für alle mechanischen Komponenten sowie als Montagekomponente zur Produktintegration dient. Die Gehäuse können auch mit Dichtungen versehen werden, was ihre Widerstandsklasse gegenüber den vorgestellten äußeren Einflüssen auf die Kontaktstelle erhöht.

2.2   Einsatzgebiete elektrischer Mikroschalter

Mikroschalter unterschiedlicher Bauweisen werden in vielfältigen Anwendungen eingesetzt, um Zustände mechanischer Komponenten zu detektieren. Abb. 2.2 zeigt unterschiedliche Aufgaben, die durch Mikroschalter gelöst werden können. Zur Erfassung mechanischer Bauteile und Baugruppen können Mikroschalter als Zählwerke (a), Endpositionssensoren (b) oder auch als mechanisch handbetätigte Schalter (manuelle Schalter, c) z. B. in elektrischen Gartenwerkzeugen eingesetzt werden. Dabei werden Mikroschalter üblicherweise mit mechanischen Gleit-, Rotations- und Biegeumformern kombiniert, die eine Bewegung auf den Schalterstößel weiterleiten. Die Ausführungsformen der Umformer dienen der Kraft-Weg-Übersetzung, sodass applikationsseitige Bewegungen und Kräfte auf die kinematischen Funktionsparameter der elektromechanischen Schalter angepasst werden.

Ähnliche Anwendungsfälle zeigen sich in der Erfassung kritischer Positionen und Kräfte, wie einer Endlagenerkennung einer linearen Kinematik (d), oder über einen Schwimmkörper zur Erfassung einer kritischen Füllhöhe eines Fluids (e). Im letzteren Beispiel wird ein Schwimmkörper mit dem elektromechanischen Stößel verbunden. Bei einem fixierten Schaltergrundkörper wird durch eine Auftriebskraft des Schwimmkörpers durch Füllstandsänderung im Messraum eine Betätigung des Schalterstößels ausgelöst.

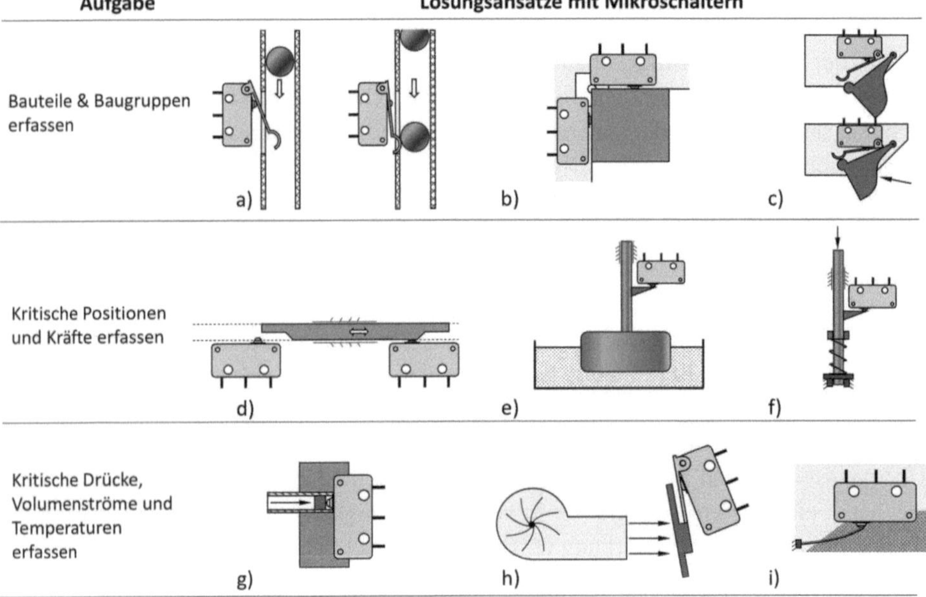

Abb. 2.2 Einsatzbereiche von Mikroschaltern mit technischen Lösungsansätzen, (**a**) Zählwerk für Stückgut, (**b**) Positionsschalter, (**c**) Hand-Bedienschalter, (**d**) Endlagenschalter einer translatorischen Verstelleinheit, (**e**) Schwimmschalter, (**f**) Federlastschalter, (**g**) Druckschalter, (**h**) Volumenstromschalter, (**i**) Temperaturschalter

Wird eine Präzisionsfedermechanik (f) mit bekannter Kennlinie verwendet, kann über das Signal eines Mikroschalters auf die anliegende Mindestkraft geschlossen werden. Durch eine Federkonstante die eine Relation zwischen Federstauchweg und Druckkraft bildet, kann ein Schaltpunkt mechanisch so gewählt werden, dass der Stößel erst bei einer definierten Kraft soweit einfährt, dass es zu einer Kontaktschaltung kommt. Ist die Kraft im System geringer, würde die Feder nur ungenügend gestaucht werden, sodass der Schalterstößel nicht bzw. ungenügend betätigt wird. Wenn nun eine signalverarbeitende Elektronik eine Zustandsänderung des Schaltkreises am Mikroschalter feststellt (z. B. Schließung des Schaltkreises), ist in dem vereinfacht gezeigten Fall die anliegende Kraft groß genug gewesen, um die eingezeichnete Druckfeder zu stauchen und somit den Schalterstößel freizugeben.

Mikroschalter können aber auch zur Erfassung kritischer Drücke, Volumenströme und Temperaturen eingesetzt werden. Mit einer entsprechenden Druck-Kraft-Umformung, z. B. durch einen Druckkolben auf den Stößel des Mikroschalters, kann der hierfür notwendige Mindestdruck erfasst werden (g). Vergleichbar mit der Fluiddruckmessung kann auch ein kritischer Volumenstrom detektiert werden, welcher über eine Luftstromaufnahmeklappe mit integriertem Schalthebel den Betätigungsstößel je nach Volumenstrom betätigen kann. Bei Überschreitung eines kritischen Volumenstroms schaltet der Schalter seinen Kontakt um (h).

Zur Messung einer kritischen Temperatur kann ein Bi-Metall-Betätiger (i) genutzt werden, dessen Form sich mit der Temperatur ändert. Erreicht die Anordnung eine kritische Temperatur, verformt sich der Bi-Metall-Betätiger so weit, dass der Betätigungsstößel des Schalters eingedrückt wird. Bei Abkühlung würde der Bi-Metall-Betätiger sich wieder in seine Ausgangsform zurückbiegen und damit den Schalterstößel entlasten. Damit würde sich der Ausgangszustand wieder einstellen.

2.3   Historie elektrischer Mikroschalter und Entwicklungstrends

Elektromechanische Mikroschalter wurden als notwendige Systemlösung zur Steuerung elektromechanischer Anlagen entwickelt. Durch die Elektrifizierung von Maschinen über Elektromagnete, Elektromotoren und elektrische Heizsysteme fanden zunächst Schalter zur Steuerung einer elektrischen Leistung Anwendung. Hierbei bestand die Aufgabe im Öffnen oder Schließen eines elektrischen Stromkreises je nach manueller Handbetätigung bzw. maschineller Betätigung. Im Gegensatz zu manuellen Schaltern für elektrisches Licht in der Gebäudetechnik wurde eine hohe Zahl der zu leistenden Schaltzyklen notwendig, weswegen hochwertige Kontaktmaterialien und komplexere Mechanismen entwickelt wurden. Im Verlauf der Zeit (siehe Abb. 2.3) änderten sich die Anforderungen und Einsatzarten. In den 1930er-Jahren setzte sich der elektromechanische Schnappschalter als häufigste Variante in der Maschinentechnik durch. Dieser Mechanismus ermöglicht es, dass der elektrische Kontakt mit gleichbleibender Geschwindigkeit und unabhängig von der Betätigungsgeschwindigkeit geöffnet bzw. geschlossen wird. Durch die interne

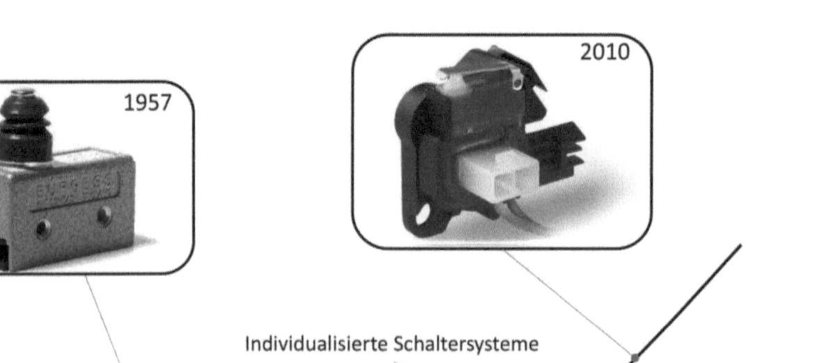

Abb. 2.3 Historie elektrischer Mikroschalter anhand der Anzahl individualisierter und standardisierter Mikroschalterlösungen

mechanische Federvorspannung sind, bei Vernachlässigung einer minimalen Umschnappzeit, nur zwei definierte logische Schnappzustände einstellbar. Damit war es möglich, präzisere Schaltpunkte für Endschaltungen von Maschinen zu erreichen, da eine vollständige Trennung des Stromflusses an einem kritischen Schaltpunkt zuverlässig erreicht werden konnte. Bis in die 1970er-Jahre zeigte sich ein fortlaufender Trend zur Steigerung der Robustheit der Mikroschnappschalter hinsichtlich mechanischer und elektrischer Festigkeit sowie des Schutzes gegenüber äußeren Störeinflüssen. Bis heute bestehen Anwendungen elektromechanischer Mikroschalter (in der Standard-Baugröße) in metallischen Gehäusen mit entsprechenden Gummibalgen zur Erhöhung der witterungsresistenten Zuverlässigkeit. Mitte der 1970er-Jahre begann der Trend zur Miniaturisierung der Mikroschalter, weswegen nach und nach die Baugrößen Miniatur, Sub-Miniatur und Ultra-Miniatur eingeführt wurden. Die Gründe hierfür sind vielfältig:

Zum einen wurden elektrische Produkte mit elektronischen Steuerungskomponenten ausgestattet. So entstanden erste Anforderungen nach elektromechanischen Schaltern mit deutlich geringerer Schaltleistung, um Signalströme ($\ll$ 1 A) zu schalten. Die stromleitenden Komponenten, die sich bei elektrischer Beanspruchung erwärmen, konnten kleiner gestaltet werden. Ihre Erwärmung ist dominant von der elektrischen Schaltleistung bzw. ihrem dem Überganswiderstand elektrischen Strompegel abhängt. Auch die Anforderung nach Integration elektromechanischer Schalter, beispielsweise direkt auf elektronische Platinen, setzte eine Miniaturisierung der Mikroschalter voraus.

Zum anderen etablierte sich der Trend zur Materialreduktion zur Effizienzsteigerung bei gleichzeitiger Erhöhung der Stückzahlen. Die Einführung einer automatisierten Massenfertigung in unterschiedlichen Ausbaustufen machte es möglich, den hohen Bedarf an Mikroschaltern zu decken, der in der Maschinenautomatisierung, aber auch in der Automobiltechnik, die seit den 1980er-Jahren viele neue elektrische und elektronische Baugruppen einführte, auftauchte.

Mit der generellen Zunahme der Produktdiversifizierung zeigten sich ab Mitte der 1990er-Jahre Trends zur Individualisierung von Mikroschaltern. Dabei entstanden, getrieben von der Automobilindustrie, die Forderungen nach Integration von Diagnosefähigkeit von elektronischen Komponenten sowie die Anpassung und Erweiterung von Mikroschaltern zu Funktionsmodulen mit integrierten Steckverbindern, Mechaniken und Schutzvorrichtungen. Diese Erweiterungen mit elektrischen Komponententrägern (EKT) erlauben den Integratoren von Mikroschaltern einen einfacheren und schnelleren Einbau der Mikroschalter in ihre Produkte, ohne selbst bislang notwendige automatisierte Lötprozesse bzw. manuelle elektrische Verbindungsarbeitsplätze für Mikroschalter zu unterhalten.

Konstruktive Ausführungen von Mikroschaltern **3**

Je nach Anwendung bzw. Ausführung können elektromechanische Schalter zur Realisierung unterschiedlicher Schaltfunktionen in elektrischen Schaltkreisen eingesetzt werden. Abb. 3.1 zeigt eine Übersicht der fünf häufigsten elektrischen Schaltfunktionen von Schaltern. Zumeist werden elektromechanische Schnappschalter als einfache Umschalter ausgeführt. Dabei werden alle drei elektrischen Schalteranschlüsse mit dem Schaltkreis

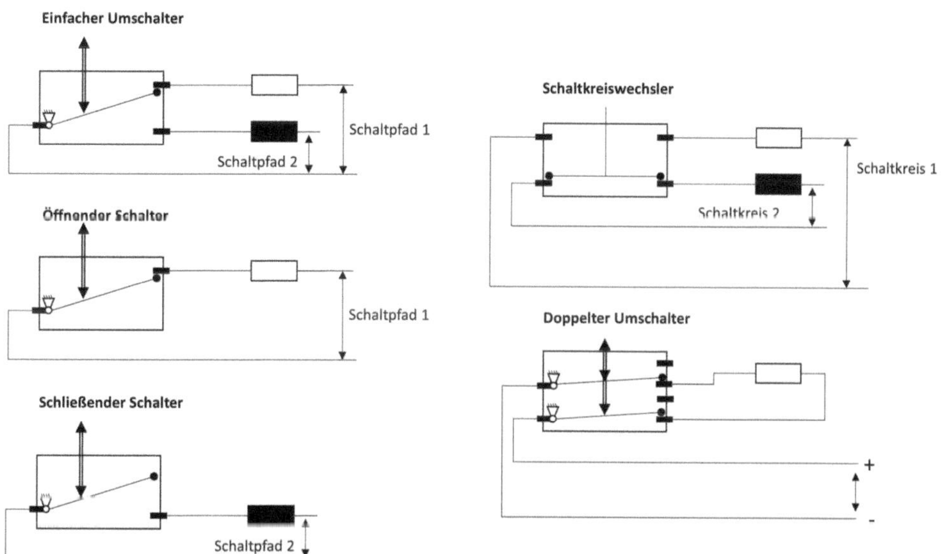

Abb. 3.1 Übersicht gängiger Schaltfunktionen von Mikroschaltern

A. Czechowicz, *Mikroschalter in der Praxis*,
https://doi.org/10.1007/978-3-658-49413-1_3

verbunden. Der gemeinsame Anschluss („common-Terminal" bzw. „COM") leitet den elektrischen Strom über den beweglichen Kontakt. Dabei muss die Lagerung des beweglichen Kontaktes hohen Anforderungen an Kontaktierungsqualität und mechanischer beweglicher Lagerung (wie etwa Spielfreiheit über ein Schneidenlager) erfüllen. Das Ende des beweglichen Kontaktes ist mit einem Kontaktierungselement (beispielsweise einem Kontaktniet oder Kontaktprofil) ausgestattet. Dieses Kontaktprofil leitet den elektrischen Strom zwischen dem beweglichen Kontakt und einem der je nach mechanischem Schalterzustand kontaktierten feststehenden Terminals. Im Fall des gezeigten einfachen Umschalters ist in der mechanisch nicht betätigten Stellung der bewegliche Kontakt mit dem oberen Kontakt verbunden. Diesen Kontakt nennt man normal geschlossenen Kontakt („normally closed" bzw. „NC" aus dem Englischen). Der untere Kontakt wird dementsprechend als normal geöffneter („normally open" bzw. „NO" aus dem Englischen) bezeichnet. Durch das mechanische Betätigen des Stößels kann zwischen beiden Schaltpfaden umgeschaltet werden.

Aus dem einfachen Umschalter ergeben sich zwei abgeleitete Schaltfunktionen: ein öffnender und ein schließender Schalter. Dabei wird nur die elektrische Durchleitung eines entsprechenden Schaltpfades ermöglicht. In der Praxis kann dies etwa durch den Wegfall eines feststehenden Kontaktes umgesetzt werden.

Oft werden in elektrisch anspruchsvollen Anwendungen Schaltkreiswechsler und doppelte Umschalter eingesetzt. Bei Schaltkreiswechslern kann die Verbindung zwischen zwei galvanisch getrennten elektrischen Schaltkreisen gewechselt werden. Dabei besteht zu keinem Zeitpunkt die Gefahr, dass z. B. ein sicherheitsrelevantes Signal über einen gemeinsamen Anschluss entgegen der Nutzungsvorgabe ausgegeben wird. Ein doppelter Umschalter integriert in einer Einheit mehrere Umschalter und kann daher mit der Nutzung mehrerer einfacher Umschalter verglichen werden. Der Vorteil der Nutzung eines doppelten Umschalters liegt in der mechanisch synchronisierten Bewegung beider beweglicher Kontakte, sodass beispielsweise eine galvanische Trennung einer Last von einem Schaltkreis erfolgen kann.

Um die benötigten Schaltfunktionen reibender oder abhebender Kontaktstellen zu ermöglichen, können unterschiedlichste konstruktive Ausführungsarten elektromechanischer Schalter verwendet werden. Im Folgenden, wie auch in Abb. 3.2, wird der Fokus auf Mikro- und Feinwerkschalter gelegt, die in Positionsschalter und Bedienschalter aufgeteilt werden können.

Positionsschalter dienen der Signalrückkopplung bzw. der Stromsteuerung in Abhängigkeit der mechanischen Position einer bewegenden Mechanik. Dabei kann die Schalterbetätigung über eine rein mechanische Vorrichtung, einen elektrischen oder fluidischen Stellantrieb oder über passive Schaltelemente wie z. B. Thermobimetalle angeregt werden.

Bedienschalter werden auch als manuell betätigte Schalter bezeichnet. Hier wird die Schalterbetätigung über den menschlichen Nutzer angeregt, zumeist über eine Fingerbedienung. Dabei spielen zusätzlich zu den Anforderungen der elektromechanischen Präzisionsschaltung oft Fragen des haptischen Nutzungsgefühls eine wichtige Rolle.

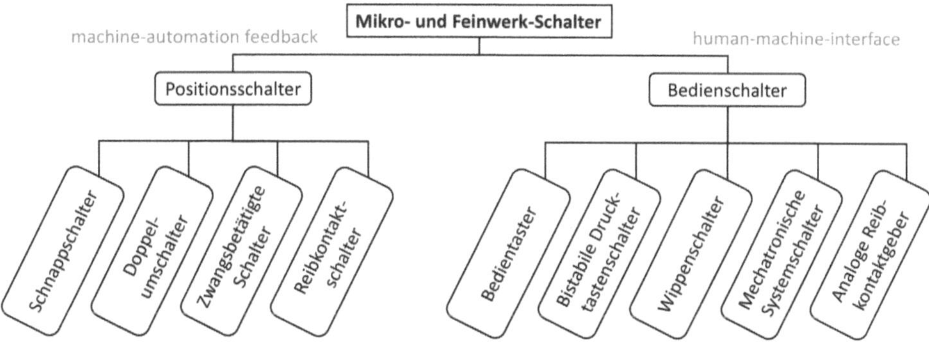

Abb. 3.2 Übersicht gängiger Mikro- und Feinwerkschalter

Im Nachfolgenden werden eingehend Schnappschalter mit abhebenden Kontakten beschrieben. Alle anderen Positionsschalter, Bedien-Systemschalter und Reibkontaktgeber (sog. „Trigger") werden kurzgefasst vorgestellt.

3.1 Mikro-Schnappschalter mit abhebenden Kontakten

Mikro-Schnappschalter werden häufig in Anwendungen eingesetzt, bei denen eine mechanisch definierte Umschaltzeit gefordert ist, die unabhängig von der Betätigungsgeschwindigkeit auftritt. Dadurch können z. B. Positioniereinheiten in bewegten Systemen wie 3D-Druckerachsen unabhängig von ihrer Momentangeschwindigkeit angehalten werden, sobald die Positionierung am Ende der Bewegungsachse erreicht ist. Im Folgenden werden die entsprechenden Ausführungsformen, Charakteristiken und möglichen Konfigurationen dieser Schalter vorgestellt.

3.1.1 Ausführungsformen elektromechanischer Schnappschalter

Alle Schnappschalter sind mit einem Sprungmechanismus ausgestattet, mit dem auch bei langsamer Betätigung eine nahezu augenblickliche Umschaltung (also eine Öffnung bzw. Trennung der Kontaktstelle) erfolgt. Diese augenblickliche Umschaltung wird vornehmlich aus zwei Gründen gefordert:

- Zu einem kann es abhängig von der elektrischen Last an der Kontaktstelle, besonders während des Kontaktöffnungsvorgangs, zu einer elektrischen Entladung kommen. Der als Lichtbogen bezeichnete Energieblitz kann die Kontaktstelle schädigen (vgl. Kap. 4). Je kürzer der Umschaltvorgang dauert, umso schneller entfernt sich der bewegliche Kontakt aus dem Wirkbereich dieser elektrischen Entladung, sodass die schädigende Wirkung des Lichtbogens zeitlich auf ein Minimum beschränkt wird.

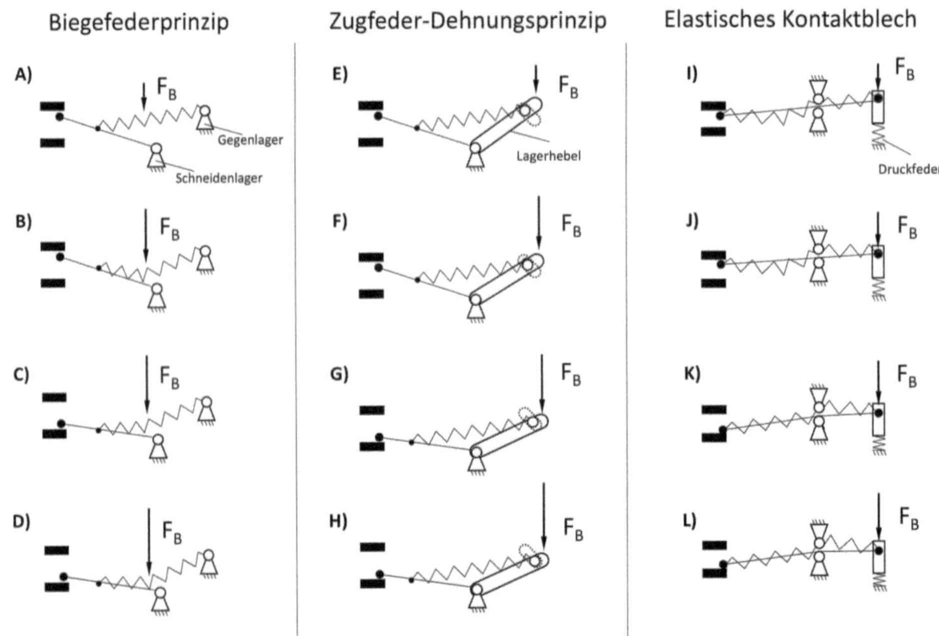

Abb. 3.3 Ausgewählte Konzepte zur Realisierung von Sprungmechanismen

- Zum anderen ist die Unterbrechung des Signals, während der bewegliche Kontakt weder mit dem normal geschlossenen noch dem normal geöffnetem Kontakt verbunden ist, vernachlässigbar klein. Die korrespondierende Umschaltzeit ist unabhängig von der Betätigungsgeschwindigkeit des Schalterstößels. Schnappschalter nehmen daher vernachlässigbare Zwischenzustände ein, sodass sich bei dynamischer Betrachtung nur zwei stabile Zustände ergeben.

Sprungmechanismen können in unterschiedlichen Ausführungsformen gestaltet werden. Abb. 3.3 zeigt drei mögliche Prinzipien.

Beim Biegefederprinzip wird der bewegliche Kontakt einseitig in einem festen Lager mit einem zulässigen Rotationsfreiheitsgrad gelagert. Diese Lagerart wird als Schneidenlager bezeichnet und bildet den mechanischen Rotationspunkt sowie häufig auch die elektrische Stromeinleitstelle des beweglichen Kontaktes. Eine Zugfeder spannt den beweglichen Kontakt in eine definierte Position (A) vor. An ihrem anderen Ende ist die Zugfeder im Schalter an ein Gegenlagerpunkt mechanisch gekoppelt. Die Zugkraft der Feder wirkt sich auf die Kontaktstelle als Kontaktkraft F_K zwischen dem normal geschlossenen Kontakt (oberer Kontakt) und dem beweglichen Kontakt aus. Wird nun die Zugfeder über die Betätigungskraft F_B verformt, ergibt sich eine Federverformung (B) die bei Überschreitung einer kritischen Kraft (Umschaltkraft) F_{BU} eine Bewegung des beweglichen Kontaktes zur Folge hat. In vielen Schaltertypen ist eine Überschreitung der Kraft F_B in einem definierten Bereich ($F_B > F_{BU}$ + Toleranz) zulässig, ohne dass ein Schalter beschädigt wird. Dies ist jedoch spezifisch je Schaltermodell zu betrachten. Eine mechanische Beschränkung der weiteren Betätigung wird durch die Bewegungssperre (nicht in Abb. 3.3) des Betätigungspunktes an Führungselementen erreicht.

Der Verfahrweg des Betätigungspunktes in Wirkrichtung der Kraft F_B nach dem Umschalten wird Überhub bzw. Nachlaufweg genannt. Er dient der Kompensation von Toleranzen, die aus der betätigenden Applikation stammen. Bei Rücknahme der Betätigungskraft springt das System zurück auf den Anfangszustand.

Alternativ zu dem Biegefederprinzip kann in einem vergleichbaren Aufbau der Gegenlagerpunkt der Zugfeder verstellt werden (Abb. 3.3 mittig). Bei Anwendung des Zugfeder-Dehnungsprinzips wird zugleich die Zugkraft der Feder als auch der Ort des Gegenlagers verändert. Dadurch ergibt sich ein resultierender Kraftvektor, der auch bei der Überschreitung der Umschaltkraft den beweglichen Kontakt zum NO-Kontakt umschnappen lässt. Bei diesem Schalterprinzip ist die Krafteinleitung von einem Betätigungsstößel auf den rotierend gelagerten Lagerhebel Reibungsbehaftet. Zudem besteht die Gefahr einer Verkeilung, beispielsweise bei starker Abnutzung oder Verschmutzung.

Es ist auch möglich, statt starrer mechanischer Schalterkomponenten auch funktionsintegrierte elastische bewegliche Kontakte einzusetzen. Der Vorteil liegt in der einfacheren Montage, da beispielsweise keine Zugfedern, die in der automatischen Massenfertigung mit hohem Aufwand zu integrieren wären, eingesetzt werden müssen. Die hier entstehenden Biegelinien bei Betätigung können komplexe Formen annehmen, was in Abb. 3.3 (rechts) als Kombination eines Knickstabes mit mehreren Biegefederelementen modelliert werden kann. Diese Funktionsintegration setzt technisch hochwertige Materialien voraus, die bei guter elektrischer und thermischer Leitung ein gutes reversibles Verformungsverhalten aufzeigen.

Vergleicht man die drei schematisch dargestellten Grundkonzepte nach Abb. 3.3 miteinander, ergeben sich unterschiedliche Vor- und Nachteile. Bei dem Biegefederprinzip wird die genutzte Zugfeder seitlich beansprucht, was den einfachsten Mechanismus, jedoch mit einer Notwendigkeit hochpräziser und automatisierter Montage des aufgehängten Beweglichen Kontaktes, begründet. Wird die Zugfeder im Z-Dehnungsprinzip eingesetzt, ist eine präzise Schaltung möglich, jedoch muss hierfür eine zusätzliche Kinematik für die bewegliche Versetzung des Zugfederlagers im Schalter vorgesehen werden. Die Funktionsintegration des elastischen Kontaktbleches bedingt, dass ein Biegefederelement mit beweglichem Kontakt in einer Einheit verbaut wird, was den schwierigsten Schritt in der Schnappschaltermontage vereinfacht. Zusätzlich hierzu benötigt das System eine zweite Rückstellfeder, um den Schalterstößel zurückstellen zu können.

Stellvertretend für Schnappschalter nach dem Biegefederprinzip (A in Abb. 3.3) ist in Abb. 3.4 ein entsprechender Subminiatur-Schnappschalter für Automobilanforderungen aufgeführt. Die Baugröße dieser Schalter ist nach DIN 41635 vorgegeben. Der Schalter besteht einer Gehäusebasis, einem Gehäusedeckel, einem Stößel, einer balgförmigen Stößeldichtung, einer Schraubenzugfeder, einem beweglicher Schaltkontakt mit Kontaktprofilen und den Anschlussterminals (NO und NC) mit jeweils aufgebrachten Gegenkontaktprofilen.

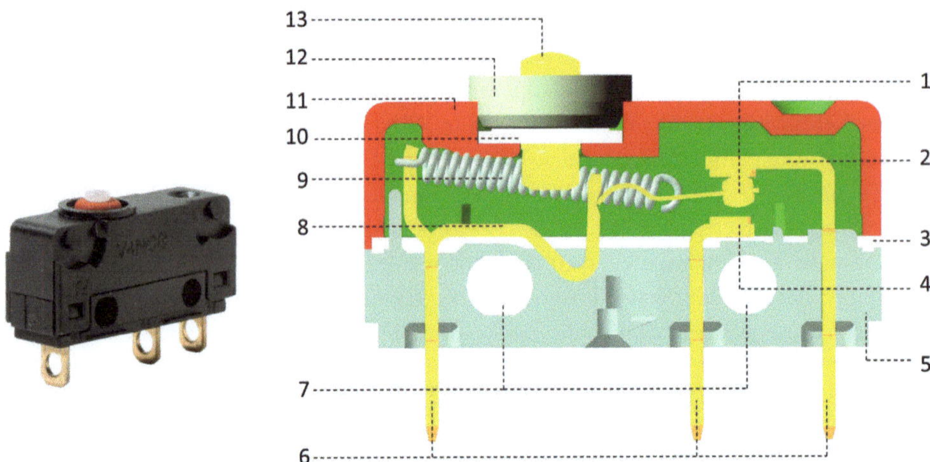

Abb. 3.4 Aufbau eines elektromechanischen Mikroschnappschalters (Mod. V4NCS), 1) beweglicher Schaltkontakt mit Schaltkontaktträger, 2) normalgeschlossenes Kontaktelement, 3) Umlaufdichtung, 4) normalgeöffnetes Kontaktelement, 5) untere Gehäusehälfte ‚Basis‘, 6) Anschlussterminals, 7) Montagedurchgangsbohrungen, 8) gemeinsamer Anschluss(-träger), 9) Zugfeder, 10) Dichtungsbalg, 11) obere Gehäusehälfte ‚Deckel‘, 12) Dichtungshaltering, 13) Stößel (bzw. Betätiger)

Die Gehäusebasis (5) ist das Grundelement des gezeigten Schnappschalters. In diesen Kunststoffträger werden je nach Produktkonfiguration Kontaktterminals (6) eingebracht. Weiterhin sind Durchführungen (7) für eine Schrauben- oder Aufsteckmontage des Schalters vorgesehen. Das hochpräzise auszuführende Element wird über Clip-, Klebeoder Ultraschallschweißverfahren mit dem Gehäusedeckel verbunden.

Der Gehäusedeckel (11) besteht aus Hart- und Weichkunststoffkomponenten. Die Hartkomponente bildet die mechanische Schutzhaube des Schalters, die Weichkomponente (3) hingegen dient der Sicherstellung einer Staub- und Flüssigkeitsdichtigkeit. Auf der Oberseite des Gehäusedeckels ist die Aussparung für den Durchgang des Schalterstößels eingebracht.

Der Stößel (13), welcher auf die Zugfeder (9) wirkt, kann für anspruchsvolle Automobil- und Industrieanwendungen ebenfalls mit hoher IP-Schutzklasse abgedichtet sein, um eine dauerhafte Zuverlässigkeit zu erfüllen. Dichtungen (siehe auch Abschn. 3.5.4) schützen den Schaltermechanismus vor eindringenden Substanzen welche die Kontaktbereiche verschmutzen bzw. chemische Reaktionen der metallischen Schalterkomponenten bedingen. Daher wird ein Elastomerbalg (10) als Dichtung in einer Umlaufnut des Stößels geführt. Bewegt sich der Stößel entlang seiner translatorischen Verstellachse (vertikal im Abb. 3.4) verformt sich der Balg. Dieser kann je nach Ausführung unterschiedliche Schutzklassenanforderungen (vgl. Abschn. 3.5.4) erfüllen. Der Balg (10) wird über einen Montagering (12) mechanisch an das Gehäuse (11) befestigt.

Der Bewegliche Kontakt (1) ist am gemeinsamen Terminal (8) im Schneidenlager gelagert, und wird von der Zugfeder (9) vorgespannt in der gezeigten Stellung so gehalten, dass eine elektrische Verbindung zwischen (8) und dem normal geschlossenen Terminal (2) besteht. Durch ein Umschalten des beweglichen Kontaktes wird eine Verbindung zwischen (8) und dem normal geöffneten Kontakt (4) aufgebaut, während die zuvor bestehende Verbindung zum NC-Terminal getrennt wird. Die metallischen Komponenten wie Terminals werden zumeist aus Messinglegierungen gefertigt. Die Kontaktelemente, wie Kontaktprofile sind die am meisten beanspruchten Teile eines Schnappschalters und beinhalten daher hochwertige Werkstoffe wie Kupfer, Feinsilber, Gold und in selteneren Fällen auch Platin und Palladium (vgl. dazu Kap. 4).

3.1.2 Kräfte und Wege im Mikroschnappschalter

Die Schaltcharakteristik des Schnappschalters zeichnet sich durch eine Kraft-Weg-Abhängigkeit mit einer Schalthysterese aus. Das bedeutet, dass die Betätigungskräfte, bei welchen der Schalter den Kontakt umschaltet, höher sind als die Kräfte, bei denen das System zurück in die Ausgangsstellung springt. Abb. 3.5. zeigt die schematische Kraft-Weg-Charakteristik eines Schnappschalters bei Betätigung des Stößels in seiner vertikalen Achse, beginnend mit der Ruherstellung (A)

Dabei muss der Vorlaufweg (9) zurückgelegt werden, ehe der Umschaltpunkt (B) erreicht ist. Im Einschaltpunkt entspricht die Betätigungskraft (F_B = F_{BU}) der notwendigen Umschaltkraft. die dann abfällt, wenn der Schalter um schnappt. Nach erneutem Anstieg der Betätigungskraft wird der Stößel entlang des Nachlaufweges (6) bis zur Endstellung (C) durchgedrückt. Bei Zurücknahme der Betätigungskraft wird ein Rücklaufweg (8) bis zum Rückschaltpunkt (D) zurückgelegt. Nach dem Rückschaltpunkt steigt die Betätigungskraft wieder etwas an und nimmt dann entlang des restlichen Rücklaufweges (7) wieder ab.

Beim Einsatz eines Schnappschalters ist für die Reproduzierbarkeit der Schaltwege auch von Bedeutung, ob der Vor- und – Nachlaufweg ganz oder nur teilweise durchfahren wird. Wenn der Stößel sich über seine zyklische Lebensdauer in unmittelbarer Nähe von Schalt- und Rückschaltpunkt bewegt, werden sich langfristig andere Schaltwege ergeben, als wenn Vor- und Nachlaufwege voll ausgenutzt werden. Die Ursache hierfür ist in den Setzvorgängen der Federn und Lager zu suchen. Bei Überschreitung von Nachlaufwegen ermüden alle mechanischen Komponenten insbesondere Federelemente verstärkt. Dadurch kann sich eine Schaltcharakteristik über die Nutzungsdauer verändern. Es empfiehlt sich daher den maximal möglichen Nachlaufweg eines Schnappschalters während der Produktnutzung möglichst nicht voll auszunutzen.

Abb. 3.6 links zeigt den aus dem Kräfteverhältnis des Schnappmechanismus resultierenden schematischen Verlauf der Kontaktkräfte an den Schaltkontakten des Mikroschnappschalters (Aufbau siehe Abb. 3.6 rechts). Die maximalen Kontaktkräfte liegen bei

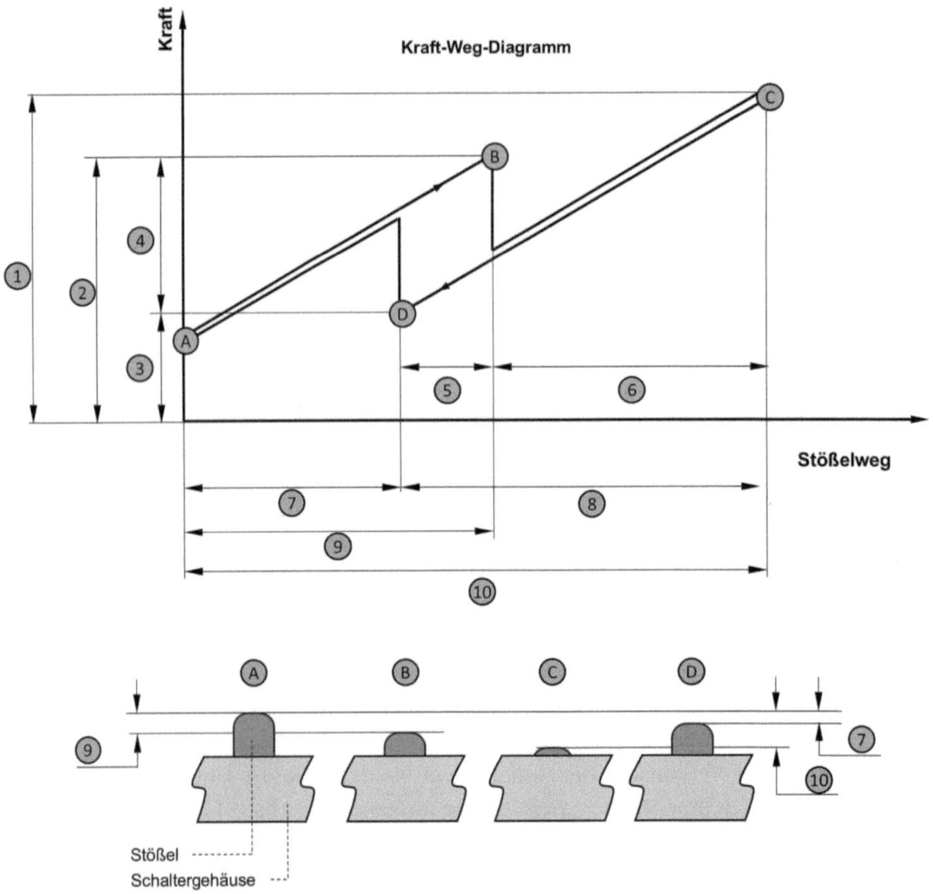

Abb. 3.5 Schematische Darstellung des (Betätigungs-)Kraft zu Stößelweg Diagramms eines Mikroschnappschalters. Die einzelnen Parameter sind in Tab. 3.1 erläutert

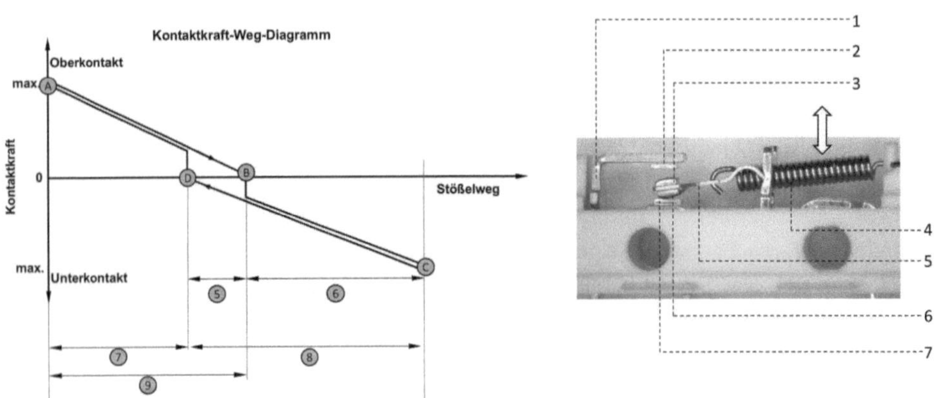

Abb. 3.6 (links) Kontaktkräfte im Mikroschnappschalter (Bezüge A bis D und 5 bis 9 nach Tab. 3.1); (rechts) Aufbau des vorgestellten Mikroschnappschaltertyps im Betätigten zustand, 1) oberes Terminal, 2) Oberkontakt, 3) bewegliches Kontaktelement ‚Oberseite', 4) Zugfeder, 5) beweglicher Kontakt(-Träger), 6) bewegliches Kontaktelement ‚Unterseite', 7) Unterkontakt mit Terminal

Tab. 3.1 Übersicht der Positionen, Betätigungskräfte und Stößelwege beim Betrieb eines Mikroschnappschalters

Kürzel	Bezeichnung	Erläuterung
A)	Freie Position	Position des Stößels, ohne Einfluss einer externen Betätigungskraft
B)	Schaltpunkt	Position des Stößels bei der eine Umschaltung bedingt durch die externe Betätigungskraft stattfindet
C)	Endstellung	Position des Stößels am Ende des zulässigen Stößelwegs
D)	Rückschaltpunkt	Position des Stößels an dem der Schnappmechanismus bei Reduktion der externen Betätigungskraft zurückspringt
1)	Maximale Betätigungskraft	Maximal zulässige Betätigungskraft, die auf den Stößel appliziert werden kann
2)	Umschalt-Betätigungskraft	Die Betätigungskraft bei welcher der Sprungmechanismus aufgrund der äußeren Betätigung umschnappt
3)	Rückschaltkraft	Beim unterschreiten der Rückschaltkraft schnappt ein zuvor umgeschnappter Sprungmechanismus zurück in die freie Position
4)	Differenzkraft	Die Differenz zwischen 2) und 3)
5)	Differenzweg	Die Differenz zwischen 9) und 7)
6)	Nachlaufweg	Der Stößelweg, um den der Stößel der nach dem Umschalten noch in den Mikroschalter sicher eingefahren werden kann.
7)	Leerlaufweg	Der Stößelweg, der nach dem Rückumschalten bei weiterer externer Entlastung verfahren wird
8)	Rücklaufweg	Der Stößelweg zwischen Endstellung und Rückschaltpunkt
9)	Vorlaufweg	Der Stößelweg, der ab der freien Position zum Umschalten aufgebracht werden muss
10)	Gesamtweg	Der maximal zulässige Stößelweg

dem Oberkontakt (A) und bei dem Unterkontakt (C) vor, wenn der bewegliche Kontakt seine jeweilige Endstellung erreicht hat.

3.1.3 Dynamisches Umschaltverhalten

Die zeitliche Änderung des elektrischen Signals bzw. der hierzu bedingten mechanischen Bewegung des Schnappmechanismus wird als dynamisches Umschaltverhalten bezeichnet. Dabei wird die Betätigungsgeschwindigkeit des Stößels (zeitbezogene Ableitung des Stößelweges) als mechanische Eingangsgröße angesetzt. Die sich ergebende detaillierte mechanische Bewegung des Schnappmechanismus wird bei der Betrachtung vernachlässigt, da die wichtigsten dynamischen Parameter aus der Messung der elektrischen Ausgangsgrößen des Mikroschalters interpretiert werden können. Abb. 3.7 zeigt einen Validierungsversuch eines für elektrische Signale optimierten Mikroschnappschalters. Am Terminal Nr. 1 ist der gemeinsame Anschluss einer Gleichspannungsquelle (mit der Prüfspannung U_p) verbunden. Zwei gleiche Verbraucher (R_2 und R_4) sind an den Terminals Nr. 2 und Nr. 4 angeschlossen. Die Spannungsmessung wird parallel zu den Schaltkontakt

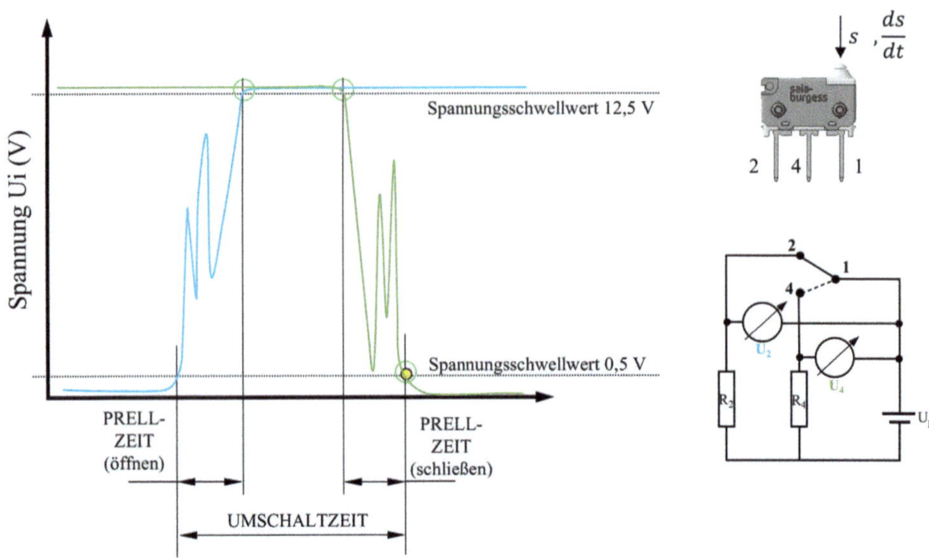

Abb. 3.7 Dynamisches Umschaltverhalten eines Mikroschnappschalters in schematischer Darstellung

übergängen so angeschlossen, dass bei einem durchgeschalteten Kontaktpaar keine Spannung am jeweiligen Voltmeter vorliegt. Im Ausgangszustand ist Terminal 2 (NC-Terminal) mit dem Terminal 1 (COM-Terminal) geschaltet. Da der Teilschaltkreis mit dem Messwiderstand R_2 geschlossen ist, beträgt $U_2 = 0$ V und $U_4 \approx U_p$. Wird nun der Schalter betätigt, kommt es zu keiner idealen Umschaltung, sondern einer mechanisch bedingten Zustandsänderung an den Kontaktelementen. Diese Zustandsänderung wird als Prellen bzw. die damit verbundene Zeit als Prellzeit bezeichnet. Die Prellzeit beim Öffnen des Kontaktes wird durch erste Relativbewegungen des beweglichen Kontaktes zum NC-Kontakt (Nr. 2 in Abb. 3.7) verstanden. Hier entstehen aufgrund der einwirkenden Betätigungskraft, etwaiger Reibungskräfte der Mechanik und der Federkräfte des Sprungmechanismus kleinste Relativbewegungen der Kontaktelemente zueinander. Dadurch ergibt sich ein unstetiger Kontaktübergangswiderstand der als Spannungsschwankung in der Validierungsmessung auftritt. Hiernach hebt der bewegliche Kontakt des NC-Kontaktes ab, sodass für eine Umschlagzeit weder der NC- noch der NO-Kontakt verbunden sind. Im Versuch ist es die Messzeit, bei welcher U_2 und U_4 jeweils etwa der Prüfspannung U_p entsprechen. Trifft der bewegliche Kontakt, der über den Federmechanismus beschleunigt wurde, auf den NO-Kontakt (Nr. 4 in Abb. 3.7), kommt es ebenfalls zu einem Prellen. Beim Prellen während des Schließvorgangs kommt es zu einer Schwingung resultierend aus der Federkraft und der dämpfend wirkenden Kontaktmaterialverformung beim Auftreffen der beweglichen Kontaktmasse auf den feststehenden Kontakt. Dieser Masse-Feder-Dämpfer System kann als mechanisches Schwingungsglied zweiter Ordnung interpretiert werden.

Aus dem in Abb. 3.7 vorgestellten Diagramm lässt sich so ohne die Analyse der mechanischen Kraft-Weg-Verläufe die Umschaltzeit, die beiden Prellzeiten und auch die Umschaltzeit auslesen. Sie besteht aus beiden Prellzeiten sowie der Flugzeit. Letztere ist die Zeit, bei welcher der bewegliche Kontakt keine mechanische Berührung zu den anderen Kontaktelementen hat.

Ist der Zeitpunkt der mechanischen Betätigung hierzu zusätzlich bekannt, kann die Reaktionsgeschwindigkeit des Mikroschalters domänenübergreifend von dem mechanischen Impuls auf die elektrische Signaländerung zeitlich erfasst werden.

3.1.4 Konfigurationsmöglichkeiten von Mikroschnappschaltern

Mikroschnappschalter können mit verschiedenen Betätigern ausgerüstet werden. Abb. 3.8 zeigt eine Auswahl gängiger Betätiger, wie Stößelaufsätze oder Hebel, die auf einen Grundschalter (a) aufgesetzt werden können.

Stößelaufsätze können z. B. als einfache Pilzköpfe (b) zur Verbesserung der Gleit- und Reibeigenschaften oder auch als Druckfedersysteme zur Erhöhung der Betätigungskraft realisiert werden.

Hebel können entweder rotativ am Schaltergehäuse über entsprechende Installationsbolzen oder federnd gelagert und für die Rotation gesperrt werden. Im letzteren Fall werden Federbleche als Betätigungshebel eingesetzt, sodass es während der Betätigung zu einer elastischen Verformung des Hebels kommt. Betätigungshebel können beispielsweise als gebogene Bleche (c), Kunststoffkonstruktionen (d), Rollenhebel (e) oder auch nur in einfacher gerader Form (f) hergestellt werden. Die Wahl des geeignetsten Betätigers richtet sich nach der Art des Anfahrorgans. Anfahrorgane sind Vorrichtungen, mit denen

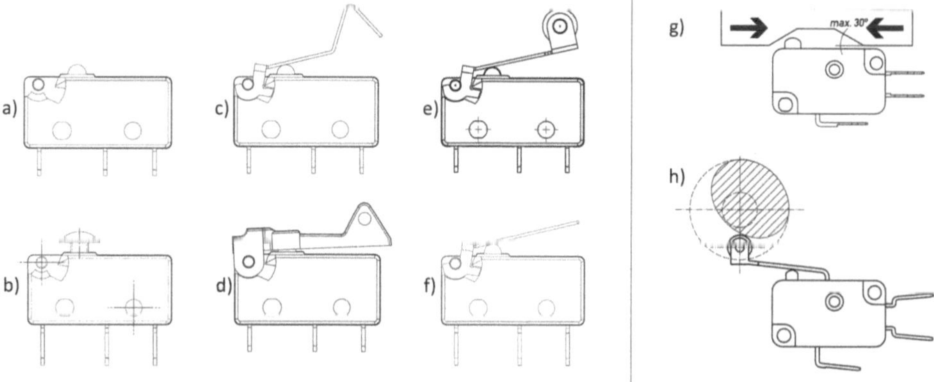

Abb. 3.8 Betätigungsmöglichkeiten für Mikroschnappschalter: Ausgewählte Betätigungsorgane, (**a**) kein Zusatzbetätiger, (**b**) Pilzkopfbetätiger, (**c**) gebogener Blechhebel, (**d**) Kunststoffhebel, (**e**) Rollenhebel, (**f**) gerader Blechhebel; (**g**) Betätigung über eine Anfahrtsschräge, (**h**) Betätigung über Nockenscheibe und abrollenden Rollenhebel

der Betätiger des Schnappschalters seitens der Applikation angefahren wird. Als Anfahrorgane (siehe Abb. 3.8g, h) werden hauptsächlich Stößel, Lineale und Nocken verwendet. Die Anfahrrichtung des Anfahrorgans kann zentrisch, seitlich parallel oder seitlich winklig sein.

Die größte Schaltgenauigkeit ergibt sich bei Betätigern, die in der Stößelachse direkt betätigt werden. Aufgrund auftretender Toleranzen seitens des Anfahrorgans, welches direkt in der Stößelachse agiert, könnte die Federmechanik jedoch langfristig überbeansprucht werden. Daher wird empfohlen, Mikroschnappschalter über eine Anfahrschräge zu betreiben. Bei dieser Betätigung sollte der Anstellwinkel 30° nicht überschreiten. Mit dieser Methode wird ein ggf. schädigendes Überdrücken des Sprungmechanismus vermieden.

Beim Einsatz von Hebelbetätigern kann es notwendig werden, die Hebelelastizitäten und das Spiel in der Hebelrotationslagerung zu betrachten. Beachtenswert ist auch, dass je nach Hebelform die Kraftangriffspunkte der Betätigungskraft sich mit der Hebelstellung ändern.

Aus den Möglichkeiten der technischen Konfiguration elektrischer Kontaktelemente (vgl. Kap. 4), mechanischer Varianten des Schnappmechanismus, der elektrischen Anschlüsse und der Betätiger ergibt sich gerade bei Mikroschnappschaltern eine hohe Variantenvielfalt. Abb. 3.9 führt exemplarisch den zuvor vorgestellten V4NCS-Schalter mit den hieraus abgeleiteten Produktvarianten auf.

So ist durch externe Federbetätiger, interne Sonderstößel oder auch durch Produkterweiterung der Überhub des Schalters entsprechend Kundenanforderungen anpassbar. Zudem ist die Produktintegration, hinsichtlich mechanischer und elektrischer Anbindung, sowie die beschriebene Betätigerauswahl ein Faktor, der eine Variantenvielfalt, am Beispiel des V4NCS-Schalters, auf über 350 Konfigurationen stark beeinflusst. Zudem ergeben

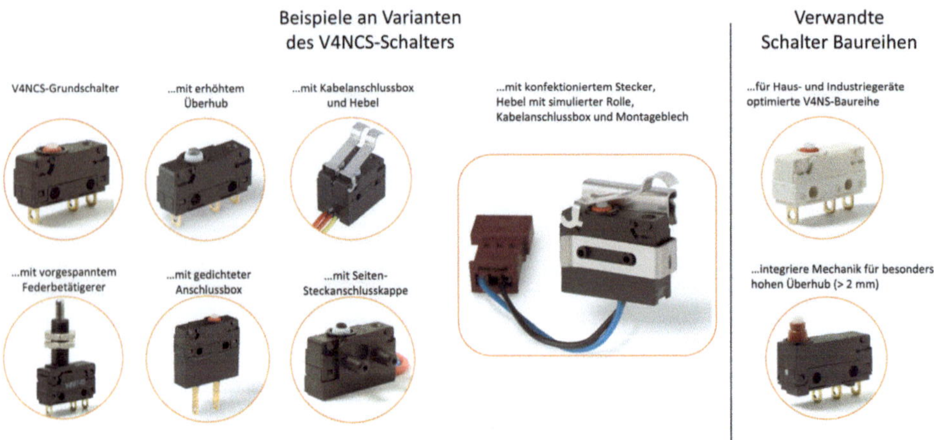

Abb. 3.9 Übersicht der Variantenvielfalt elektromechanischer Schnappschalter am Beispiel des V4NCS-Schalters

sich verwandte Produktbaureihen an Mikroschaltern, deren technische Eigenschaften durch Materialauswahl und Approbationen branchenbezogen ebenfalls mit vergleichbar hoher Variantenvielfalt eingesetzt werden.

3.1.5 Schnappschalter als Doppelumschalter

Doppelumschnappschalter können wie eine integrierte Kombination zweier abhebender Mikroschnappschalter verstanden werden. Abb. 3.10 führt die Konstruktion dieser Schalter auf. Einsatzzweck dieses Schaltertypus ist der elektrische Umschaltvorgang beispielsweise zwischen zwei Schaltkreisen, die voneinander galvanisch getrennt sein sollen (Schaltkreiswechsler). Dabei ist von Bedeutung, dass die Umschaltung, bei der sich eine Verbindung beider Schaltkreise über einen Lichtbogen bilden kann, so kurz wie möglich bleibt. Damit erfolgt die Umschaltung wie bei den zuvor vorgestellten Schnappschaltern unabhängig von der Betätigungsgeschwindigkeit des Stößels. Der gezeigte Schalter wird über den Stößel bei steigender Betätigungskraft in den Schalter eingefahren. Dabei wird die Rückstellfeder komprimiert. Mit dem Stößel ist über eine Federmechanik der bewegliche Kontakt verbunden. Die Schnappfeder (ausgeführt als querliegende Druckfeder) ist so eingebaut, dass sie im Ausgangszustand gekrümmt ist. Der Krümmungsbauch ist entsprechend nach oben ausgerichtet. Auf den Krümmungsbauch wird die Betätigungskraft in die Feder eingeleitet. Durch die ansteigende Betätigungskraft und den

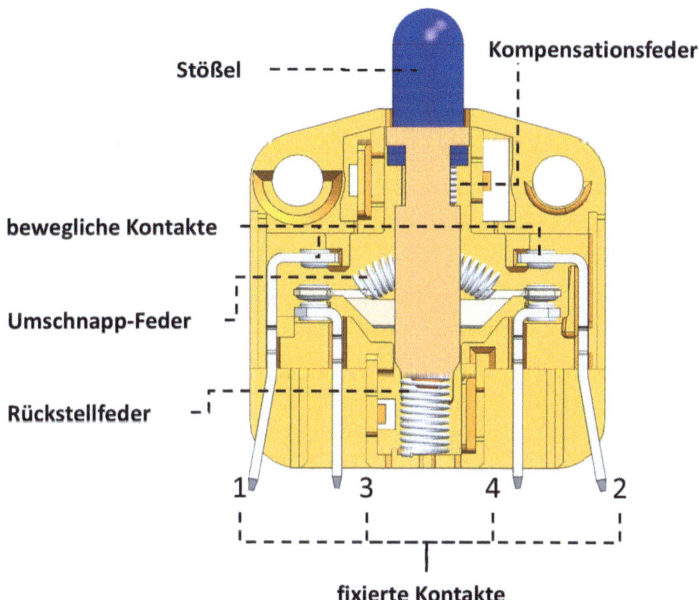

Abb. 3.10 Ausführungsbeispiel eines Doppelumschnappschalters

damit ansteigenden Stößelweg wird der Krümmungsbauch der Feder eingedrückt, bis die Feder in die Gegenkrümmung umschnappt. Dabei wird der an den Federenden gelagerte bewegliche Kontakt von den fixierten Kontakten 3 und 4 and die fixierten Kontakte 1 und 2 sprunghaft bewegt. Im Anschluss kann der Stößel weiter in den Schalter eingedrückt werden, da eine weitere Feder (Kompensationsfeder) in der linearen Stößelachse platziert ist. Diese Kompensationsfeder hat eine höhere Federkonstante als die Rückstellfeder, weswegen diese erst bei einer vollständig gestauchten Rückstellfeder komprimiert wird. Mit dieser Methode lässt sich ein zum Gesamtweg großer Nachlaufweg (Überhub) erzielen.

Die gezeigte Schalterart kann z. B. in Schaltschranktüren eingesetzt werden. Eine Schaltschranktür drückt im geschlossenen Zustand auf den Stößel. Ist die Schaltschranktür geschlossen, sind die Kontakte 1 und 2 verbunden. Damit ist zum Beispiel der Hauptstromkreis einer Maschine in einem Schaltschrank geschlossen. Wird die Tür geöffnet, wird die Kontaktverbindung zwischen den Anschlüssen 1 und 2 aus Sicherheitsgründen unterbrochen. Allerdings wird über die Anschlüsse 3 und 4 in diesem Fall ein Notstromkreis bzw. ein Beleuchtungsstromkreis eingeschaltet, um eine entsprechende Wartung der Schaltschranks zu vereinfachen.

3.2   Zwangsöffnende Schalter

In Applikationen mit Fokus auf eine technisch zuverlässige Trennung von Kontakten werden Schalter verwendet, die eine direkte mechanische Verbindung des extern betätigten Stößels auf den Schaltkontaktmechanismus haben, ohne dabei zwangsweise eine Schnappschaltung zu nutzen. Ist in der Schaltungsapplikation die Möglichkeit gegeben, dass die Schaltkontakte verschweißen, kann die direkte mechanische Verbindung eine hohe Kraft vom Stößel auf die Schaltkontaktkraft übertragen. Als Resultat dieser Handlung wird der verschweißte elektromechanische Kontakt wieder aufgetrennt. Abb. 3.11. führt zwei Ausführungsbeispiele zwangsöffnender Schalter auf.

In Abb. 3.11i wird durch Betätigen des Stößels die Kontaktplatte mit beiden beweglichen Kontakten gegen eine Rückstelldruckfeder in das Schalterinnere eingedrückt. Dabei werden zwei Kontaktstellen zwischen den festen Terminals aufgetrennt. In standardisierten Baugrößen (Abb. 3.11ii) werden auch rotativ an Schneidenlagern gelagerte Kontakte genutzt. Dabei wird die translatorische Bewegung des Stößels gegen eine Zugfeder in eine Rotationsbewegung, und damit das Abheben des beweglichen Kontaktes vom festen Kontakt bewirkt.

In beiden Konzepten ist es möglich, die Schaltkontaktstelle optisch zu inspizieren. Je nach Applikation wird bei Wartung von technischen Geräten, z. B. bei lasthebenden Antrieben in der Logistik oder Treppenliften im Haushalt, der Schaltkontaktzustand kontrolliert. Daher verfügen zwangsöffnende Schalter zumindest über partielle transparente Gehäusekomponenten.

Des Weiteren ist es möglich, in komplexen Konstruktionen auch Schnappkontaktmechanismen mit zwangsöffnenden Mechanismen zu kombinieren.

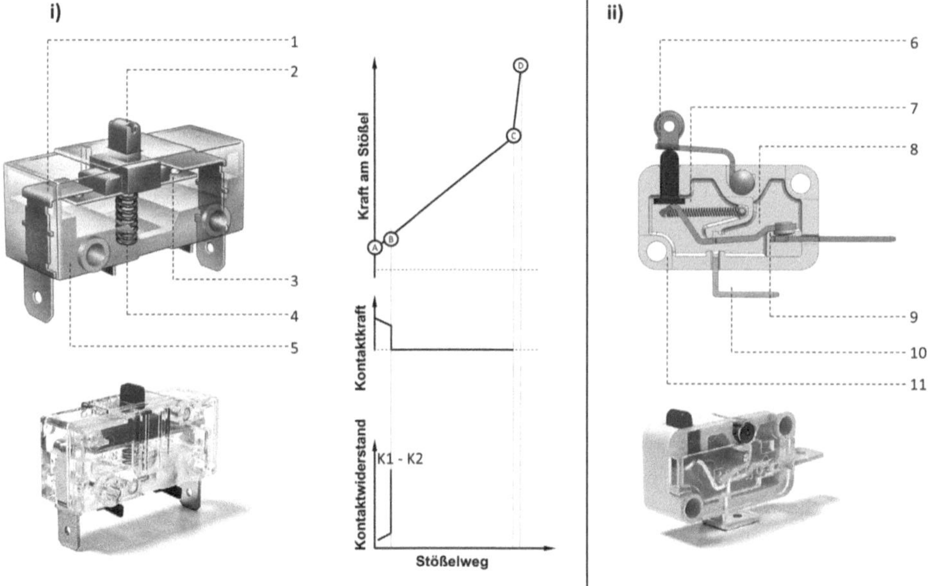

Abb. 3.11   Zwangsöffnender Schalter in den Baugrößen (**i**) Standard mit 1) NC-Kontakt, 2) Stößel, 3) beweglicher Doppelkontakt, 4) Druckfeder, 5) Gehäuse; und in der Baugröße (**ii**) Miniatur mit 6) Stößel (hier auch mit Rollenhebel), 7) Zugfeder, 8) beweglicher Rotationskontakt, 9) NC-Kontakt, 10) gemeinsamer Kontakt mit Schneidenlager, 11) Gehäuse

3.3   Lineare und proportionale Schalter mit gleitenden Kontakten

Neben einem Schnappschaltmechanismus kann auch ein schiebender Gleitkontaktmechanismus genutzt werden, um Kontakte zusammenzuführen, sie zu trennen oder auch in Kombination mit einer elektrisch resistiv modifizierten Fläche zur Positionsbestimmung zu verwenden. Abb. 3.12 zeigt das mechanische Grundprinzip von Gleitkontaktschaltern. Der Stößel, der mit dem Beweglichen Kontakt verbunden ist, kann in x-Koordinate in Richtung des feststehenden Kontaktes bewegt werden. Beim Auftreffen beider Komponenten entsteht eine elektrisch leitfähige Verbindung. Die Betätigung erfolgt gegen einen Federmechanismus, der bei Entlastung des Stößels den beweglichen Kontakt wieder in die Ausgangsstellung setzt. Bei der Anwendung ist zu beachten, dass neben den üblichen elektromechanischen Phänomenen an der Schaltkontaktstelle Reibkräfte auftreten, die sich aus der notwendigen Federspannkraft (F_F), der Vorschubkraft (F_V) und der Gegenkraft der Feder (F_C) zusammensetzen. Die Resultierende Kraft in der Kontaktstelle (F_S) hat eine Normalkraft- und Reibkraftkomponente. Diese Kräfte hängen im Wesentlichen von den Reibkoeffizienten der verwendeten Materialien ab, weswegen in diesen Kontaktsystemen hochwertige Beschichtungen und Schmierstoffe eingesetzt werden. Wird eine Umschaltung vollführt, Abb. 3.12 (rechts) muss beachtet werden, dass durch mechanische Fertigungs-

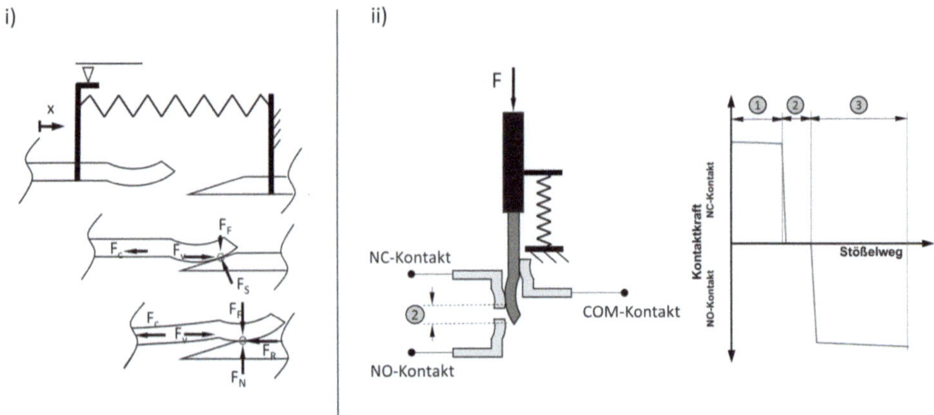

Abb. 3.12 (**i**) mechanische Funktion eines Gleitkontaktschalters, (**ii**) Prinzip eines schiebenden Gleitkontaktumschalters, 1) NC-Kontaktbereich, 2) inaktiver Bereich, 3) NO-Kontaktbereich

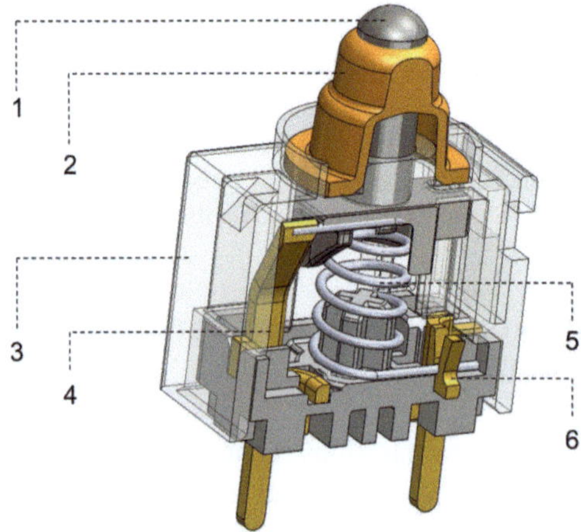

Abb. 3.13 Konzeptdarstellung eines Gleitkontaktschalters (Öffner) nach [1], 1) Stößel, 2) Balgdichtung, 3) Gehäuse, 4) NC-Kontakt, 5) elektrisch leitende Druckfeder, 6) COM-Kontakt

toleranzen keine Umschaltung am selben Betätigungspunkt des Schaltvorgangs umgesetzt werden kann. Bei diesen Schaltertypen muss nach Trennung des normal geschlossenen Kontaktes ein Schaltabstand (Totbereich bzw. inaktiver Bereich) eingehalten werden, bevor der normal geöffnete Kontakt geschlossen werden kann.

Abb. 3.13. zeigt ein Konzept eines öffnenden Gleitkontaktschalters, bei welchem der COM-Kontakt über eine Druckfeder geleitet an dem NC-Terminal in Ruhestellung verbunden ist. Wird der Stößel mit der Balgdichtung betätigt, wird die Druckfeder komprimiert. Der als beweglicher Kontakt genutzte Federsteg wird damit translatorisch in den unteren

Bereich des Schalters verstellt. Da der NC-Kontakt schräg ausgeführt ist, wird die Verbindung zwischen Druckfeder und NC-Kontakt dabei unterbrochen.

Grundsätzlich zeigen Gleitkontaktschalter eine gute Möglichkeit, in sehr kompakter Bauform ausgeführt zu werden, da im Gegenzug zu Schnappschaltern kein zusätzlicher Schnappmechanismus erforderlich ist. Allerdings kann bei diesen Schaltertypen ein Abrieb entstehen, der je nach Konstruktionsvariante auch zwischen die Kontaktierungsflächen gelangen kann. Weiterhin können auch Kontaktierungselemente aufgrund der Reibung im Schalter ihre Form ändern bzw. sogar brechen.

Eine hier noch kurz vorgestellte weitere Variante von Gleitkontaktschaltern ist auch ein potenziometrischer Schalter (im Fachjargon ‚Trigger-Schalter' genannt). Dabei gleitet der bewegliche Kontakt über eine resistive Kohlenstoffbahn. Je nach Lage des beweglichen Kontaktes ändert sich der elektrische Widerstand dieser Anordnung, sodass diese Art von Schaltern als Bedienschalter z. B. für Elektrowerkzeuge eingesetzt werden.

Der bewegliche Kontakt ist bei der in Abb. 3.14 gezeigten Anordnung als Brücke zwischen zwei Bahnen aus Kohlenstoff ausgeführt. Wird der Stößel bewegt, kommt es zu der Verstellung des beweglichen Kontaktes. Ab erreichen der Verstellstrecke S1 beginnt die Widerstandsänderung. Mit zunehmendem Verstellweg zwischen den elektrischen Anschlüssen 5) und 7) ändert sich der Elektrische Widerstand vom Grundwert R1 bis hin zum Maximalwert R2 beim Erreichen der Stellung S2. Hiernach ist noch ein Nachlaufweg

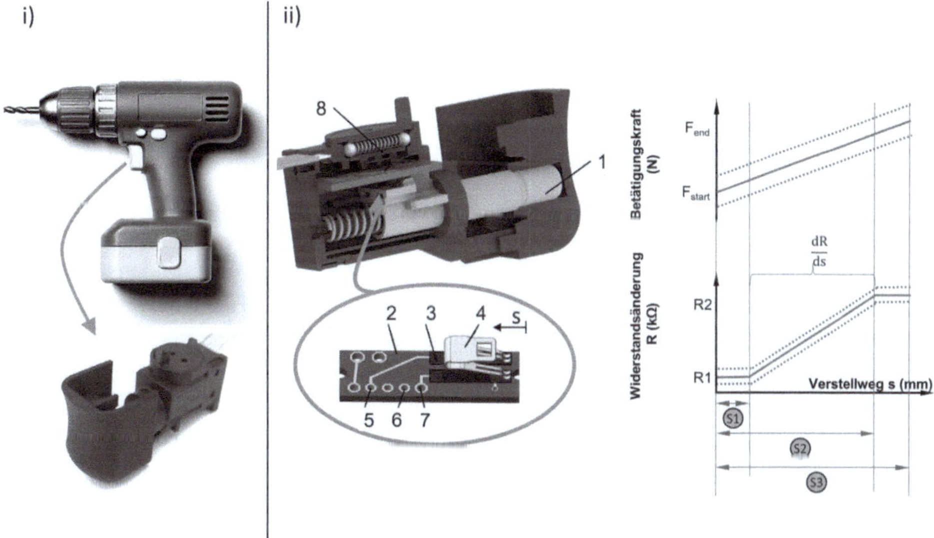

Abb. 3.14 (**i**) Triggerschalter als Bedieneinheit in Elektrowerkzeugen, (**ii**) Aufbau eines Triggerschalters mit zugehörigen schematischen Kennlinien. 1) Stößel, 2) Elektronikplatine, 3) resistive Kohlenstoffbahn, 4) beweglicher Kontakt – mechanisch bewegt mit dem Stößel, 5) – 7) Platinenanschlüsse, 8) Drehrichtungsschalter

realisierbar (S3). Der Stößel wird über eine Druckfeder vorgespannt, die dem Fingerdruck durch den Benutzer entgegenwirkt. Wird der Stößel also losgelassen, wird der bewegliche Kontakt in die Ausgangsstellung versetzt. Zudem werden diese Schaltertypen auch durch eine Drehrichtungsumkehreinheit (im englischen „mode-selector") ergänzt. Dabei handelt es sich um eine rotative oder lineare Gleitschaltereinheit die eine Polumkehrung z. B. einer elektrischen Motorsteuerung bewirkt. Triggerschalter werden oft zur Regelwertvorgabe für Handbetriebene Werkzeuge als Mensch-Maschine-Schnittstelle eingesetzt. Die Eingabe des Sollwertes für Motordrehzahlen von Anwendungen wie Bohrschrauber, Stichsägen oder anderen Werkzeugen, aber auch Gartengeräten wie Laubbläser oder elektrische Sägen erfolgt über die Verstellung des Stößels der Triggerschalter.

3.4   Schalter mit integrierten Funktionen

Neben den reinen elektromechanischen Schnappschaltern, Endschaltern und Triggerschaltern werden auch elektromechanische Schalter mit integrierten Funktionen in unterschiedlichsten Applikationen genutzt. Damit ist die integrierte Kombination einer elektromechanischen Schalttechnik mit elektronischen Sensor-, Aktor- und informationsverarbeitenden Komponenten gemeint. Die Hauptfunktion dieser auch als mechatronische Schaltersysteme bezeichneten Einheiten ist weiterhin die Ausführung einer Ein- bzw. Ausschaltung zumeist von Lastströmen. Die verbauten zusätzlichen Module dienen der Beeinflussung des mechanischen Schaltsystems, wobei in allen integrierten Schaltern auch eine mechanische externe Stimulanz des Schalters (bzw. manuelle Bedienung) erfolgen kann. Als Beispiel ist in Abb. 3.15 ein mechanischer Wippenschalter mit integrierter Rückstellfunktion aufgeführt. Der Wippenschalter kann zum Schalten eines Laststroms betätigt werden. Dabei wird die Schaltwippe von einem Permanentmagneten in der eingeschalteten Lage gehalten. Der Permanentmagnet ist mit einem Elektromagneten gekoppelt. Dieser kann ein entgegengerichtetes magnetisches Feld aufbauen, sofern er aktiviert wird. Die Elektronikplatine steuert über einen Mikrocontroller bzw. mit einem Kondensatorsystem den Elektromagneten sowie optische LED-Signalgeber. Wird der Elektromagnet aktiviert, entkoppelt sich die Verbindung zwischen Schaltwippe und Permanentmagnet und somit springt die Mechanik zurück in die inaktive Schalterstellung. Der zuvor durchgelassene Laststrom wird damit durch den Schalter getrennt. Bei einem Stromausfall wird die Funktion über eine Notlaufeigenschaft und mit einem Kondensator so gewährleistet, dass der Schalter in die trennende Funktion gesetzt wird. Durch die Steuersoftware kann der Mikrocontroller die Rückstellung des Schalters nach einer bestimmten Zeit oder über eine zusätzliches Signalinterface veranlassen.

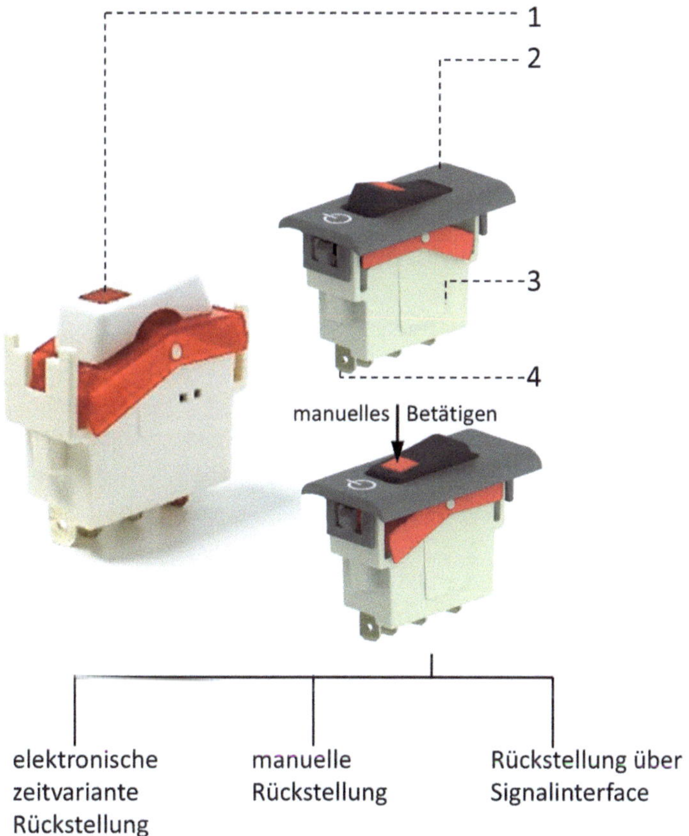

Abb. 3.15 Bedienschalter mit integrierten elektromechanischen Zusatzfunktionen, mit 1) beleuchteter Betätigungswippe, 2) Gehäuse, 3) Elektronikaufbau, 4) Elektroanschlüssen

3.5   Technische Einsatzanforderungen von Mikroschaltern

Durch die vielfältigen Einsatzgebiete von Mikroschaltern ergibt sich keine einheitliche Definition der zu erfüllenden technischen Anforderungen. In Anlehnung an branchenbezogene Anforderungen ergeben sich spezielle technische Prüfungen die über normative Bestimmungen definiert sind. So können sich branchenbezogene Anforderungen ergeben, z. B. aus der Hausgeräte-, Automobil- oder Luftfahrttechnik, die dadurch Validierungsprüfungen erforderlich machen. Diese können sich exemplarisch der im Schaltzustand entstehenden thermischen Felder ergeben. Hierzu sind im Kap. 5 wesentliche normative Werke aufgeführt. In diesem Zusammenhang sind auch Bestimmungen nach unterschiedlichen chemischen und metallischen Komponenten die Anwendungsrestriktionen unterstehen zu erwähnen. Diese sind in Verordnungen mit Umweltschutzaspekten (z. B. REACH-Verordnung der EU) sowie in Gefahrstoffverordnungen beschrieben

Um technische Einsatzanforderungen aus der Perspektive elektromechanischer Mikroschalter zu verstehen, sind im Folgenden häufig vorkommende Eigenschaften diskutiert. Die technischen Detailhintergründe zu den physikalischen Eigenschaften der elektrischen, mechanischen und thermischen Parameter von Schaltkontakten werden kurz in Kap. 4 vorgestellt.

3.5.1 Elektrische Einsatzanforderungen

Die anliegende elektrische Schaltleistung P_s, die über die mechanische Kontaktanordnung gleitet wird, ist definiert durch:

$$P_s = I_s \cdot U \tag{3.1}$$

Sie ist das Produkt aus elektrischer Spannung (U) und dem elektrischen Strom (I_s), der durch den Schaltstromkreis fließt. Diese Parameter beeinflussen das Abnutzungsverhalten der elektrischen Kontaktstelle. Elektrische Parameter eines Mikroschalters sollten daher immer im Zusammenhang mit der elektrischen Lebensdauer betrachtet werden. Je intensiver die Schaltkontaktstelle durch auftretende Lichtbögen, thermische Einflüsse und auftretende mechanische Kräfte und Reibungen belastet wird, desto niedriger ergibt sich die tatsächlich erreichte elektrische Lebensdauer. Daher sind diese Parameter Maße für die Abnutzung des elektrischen Schaltkontaktes, wobei deutlich zwischen der Schaltung von Gleich- und Wechselspannungen unterschieden werden muss.

Entsprechend der hier getroffenen Definition gelten Ströme unterhalb von 1 A als Signalströme, wohingegen höhere Ströme, welche direkt elektrische Verbraucher antreiben, als Leistungsströme bezeichnet werden.

Oftmals wird angenommen, dass bei niedrigen elektrischen Spannungen unterhalb von 12 VDC ein reduziertes Auftreten von Schaltlichtbögen, den elektrischen Entladungen im Kontaktbereich, auftritt. Zu beachten ist jedoch, dass auch der elektrische Strom maßgeblich hier herangezogen werden muss Details hierzu sind in Kap. 4 erläutert. Daher werden Signalschalter oft im Spannungsbereich $\leq$ 5 VDC (bzw. $\leq$ 12 VDC bei < 0,3 A) eingesetzt.

Abb. 3.16 visualisiert den Sachverhalt in Teilbild (a) schemenhaft, in Teilbild (b) ist ein Produktbeispiel eines kleinen Mikroschnappschalters aufgeführt.

Beachtenswert ist, dass bei scheinbarer elektrischer Schaltleistung von 125 W (mit 250 VAC) eine gleiche Lebensdauer erreicht wird wie bei 15 W (mit 15 VDC). In beiden Fällen kommt es zur Bildung von Lichtbögen im Schaltkontaktbereich. Bei Gleichströmen wird die Schaltkontaktstelle durch entstehende Lichtbögen so beeinflusst, dass es zu einem Aufschmelzen und anschließendem unidirektionalen Kontaktmaterialtransport kommt. Dabei setzt sich einseitig Kontaktmaterial an dem Kontaktpaar ab, während auf der Kontaktseite mit dem Materialabtrag es zu einer Lochbildung im Kontaktelement kommen kann.

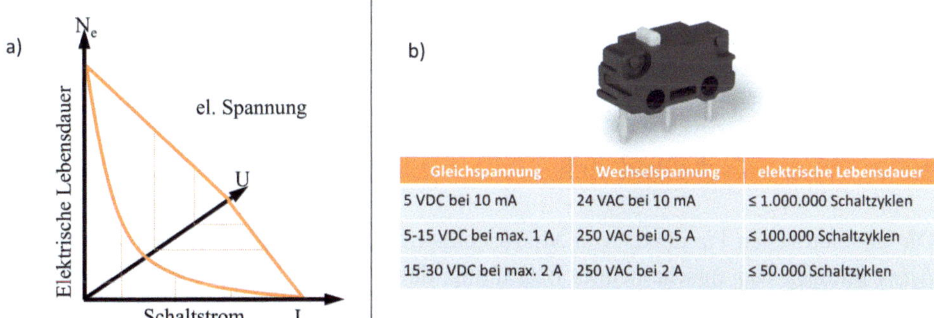

b)

Gleichspannung	Wechselspannung	elektrische Lebensdauer
5 VDC bei 10 mA	24 VAC bei 10 mA	≤ 1.000.000 Schaltzyklen
5-15 VDC bei max. 1 A	250 VAC bei 0,5 A	≤ 100.000 Schaltzyklen
15-30 VDC bei max. 2 A	250 VAC bei 2 A	≤ 50.000 Schaltzyklen

Abb. 3.16 (**a**) Schematische Darstellung des Zusammenhangs zwischen elektrischer Lebensdauer, elektrischer Spannung und dem Schaltstrom an einem Mikroschalter, (**b**) elektrische Beispielwerte mit Bezug zur elektrischer Lebensdauer N_e

Zudem kommt es bei DC-Spannungen zu keiner Lichtbogenwanderung im Kontaktbereich, was in einer intensiven lokalen thermischen Belastung, dem Verspritzen und Verdampfen von Kontaktmaterial an den Kontaktelementen führt. Bei Wechselspannungen kommt es zu einer vergleichsweise weniger belastenden Selbstlöschung des Lichtbogens der durch den Nulldurchgang von Wechselspannungen bedingt ist.

Zusammengefasst, bedeutet es, dass eine elektrische Kontaktstelle bei Gleichströmen stärker beeinträchtigt, wird als bei Wechselströmen. Im weiteren Zusammenhang hierzu kommt es noch zu einer aus dem elektrischen Schaltstrom resultierenden Kontaktstellenerwärmung, welche dominant vom Schaltstrom und Schaltwiederstand abhängig ist.

Neben den Strömen liegt bei Mikroschaltern ein besonderes Augenmerk auf dem elektrischen Widerstand der Schaltkontaktstelle. Ist der Schaltkontaktwiderstand unendlich groß, findet keine Stromleitung zwischen den Kontaktelementen statt. Ein idealer Schaltkontaktwiderstand im leitenden Mikroschalter betrüge 0 Ohm, was jedoch technisch aufgrund der technischen Gestaltung der Kontaktstelle unmöglich ist. Ein möglichst niedriger Schaltkontaktwiderstand kleiner als 0,1 Ohm hat sich jedoch in vielen Applikationen durchsetzen können. In der Praxis erreichen Schnappkontaktschalter Kontaktwiederstände sogar R ≤25 mOhm im Neuzustand. Über die Lebensdauer in der Anwendungspraxis ergibt sich durch Änderung der Kontaktelementoberflächen in der Regel eine Erhöhung des elektrischen Kontaktwiederstandes. Oft ist ein Anstieg bis auf R = 1 Ohm applikationsbedingt zulässig.

Üblich bei Betrachtung elektrischer Parameter von Mikroschaltern ist auch die Definition der elektrischen Kriechstromfestigkeit. Kriechströme in elektromechanischen Mikroschaltern beziehen sich auf unerwünschte elektrische Ströme, die entlang der Oberfläche eines Isolators fließen, anstatt durch den eigentlichen Leiter. Sie können durch Verunreinigungen auf der Oberfläche oder durch Feuchtigkeit verursacht werden, die die Isolationseigenschaften beeinträchtigen. Kriechstrome können zu Fehlfunktionen führen, indem sie ungewollte Schaltvorgänge auslösen oder die Lebensdauer des Schalters durch

Korrosion der Kontakte verkürzen. Die Kriechstromfestigkeit ist daher ein wichtiger Parameter, der angibt, bei welcher maximalen Spannung der Schalter den Kriechströmen widersteht, ohne dass es zu einer Kriechstrombildung kommt.

3.5.2 Mechanische und elektrische Anbindung

Die geometrischen Parameter von Mikroschaltern sind für die Integration in technische Anwendungen von entscheidender Bedeutung, da sie den erforderlichen Platz definieren und die Position externer Stimuli berücksichtigen, die auf den Schalterstößel einwirken. Die äußeren Maße von Mikroschaltern definieren den Bauraum, den sie in einer Applikation einnehmen und bilden den Bezug zu der Wirkstelle einer Betätigung auf den Schalterstößel.

Die mechanischen Schnittstellen zur Befestigung des Schalters, wie Clip- oder Steckmontage, sind durch Installationsbohrungen oder Installationsbolzen („pegs", üblicher aus dem Englischen) mit spezifischen Maßen definiert und ermöglichen unterschiedliche Montagestrategien. So können Mikroschalter mit Installationsbohrungen auf Dornführungen gesteckt oder auf plane Oberflächen mittels Schrauben montiert werden. Werden Pegs eingesetzt ist es möglich den Schalter durch Einpressen in vorgesehene und passend mit kleinem Untermaß tolerierten Installationsbohrungen in einer planen Oberfläche zu stecken.

Weiterhin ist zu berücksichtigen, dass der elektrische Anschluss in zahlreichen Variationen vorliegen kann. Terminals können unter anderem als Löt-, Steck-, Schraub-, und Klemmterminals ausgeführt werden. Neben Unterschieden in den elektrischen Parametern dieser Anschlüsse zeichnen sich diese elektrischen Verbindungen durch ihre unterschiedliche Geometrie aus, die in der Integration von Mikroschaltern in Produkte berücksichtigt werden muss. Abb. 3.17 zeigt unterschiedliche elektrische und mechanische Anbindungsvarianten eines V4NS Mikroschalters für Hausgeräte- und Industrietechnikanwendungen. So kann der links abgebildete Schalter über Kabelschuhe elektrisch und mit Schrauben über die Durchgangsbohrungen mit der Anwendungsumgebung verbunden werden. Dagegen kann der rechts abgebildete Schalter mit gebogenen Terminals zur Montage auf Elektroplatinen direkt aufgelötet und mechanisch über Steckbolzen („pegs') in eine Applikation eingebracht werden.

Die Integration von Mikroschaltern anhand der geometrischen Parameter ist mit Toleranzen behaftet, sowohl im Bauraum für den Schalter selbst als auch bei dem Betätigungsglied, das auf den Schalterstößel einwirkt. Es empfiehlt sich daher entsprechende konstruktive Maße mit Produktspezifikationen bzw. den Einbaumaßen abzustimmen. Auch mechanische Umformer wie Hebel oder Exzenterkonstruktionen sollten im Umfang einer Toleranzkettenanalyse betrachtet werden. Diese Komponenten weisen gewisse Nachgiebigkeiten oder Elastizitäten auf, die bei der Betätigung im System zu Toleranzabweichungen führen können. Da es Einschränkungen für die Betätigungsart von Schalterstößeln gibt muss anhand dieser Toleranzkette überprüft werden, ob es ggf. zu einer Fehlbetätigung oder einer Überbeanspruchung der Schaltermechanik kommen kann.

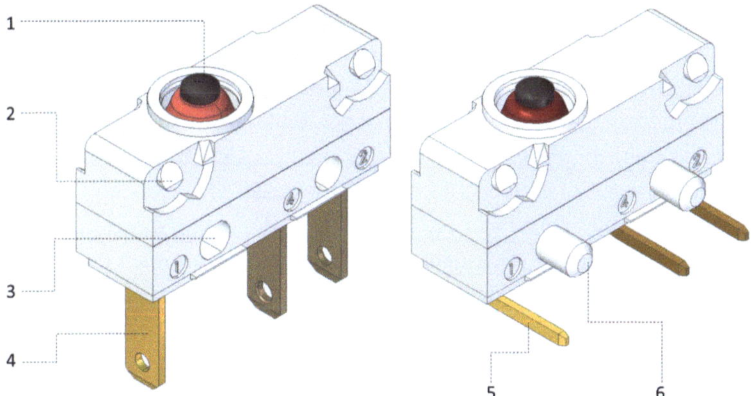

Abb. 3.17 Subminiatur-Mikroschalter in zwei Varianten, (links) mechanische Anbindung über Installationsbohrungen und elektrische Anbindung über Steck-/ Lötanschlüsse, (rechts) mechanische Anbindung über Installationsbolzen „pegs" und elektrische Anbindung über 90° abgewinkelte Platinenanschlüsse, 1) Stößel, 2) Gehäuse (mit Rotationslagern zum Anschluss von externen Hebelbetätigern), 3) Durchgangslöcher für Schraubmontage, 4) Terminals für Kabelschuhanschlüsse, 5) gebogene Terminals für Leiterplattenmontage, 6) Steck- bzw. Montagebolzen („pegs')

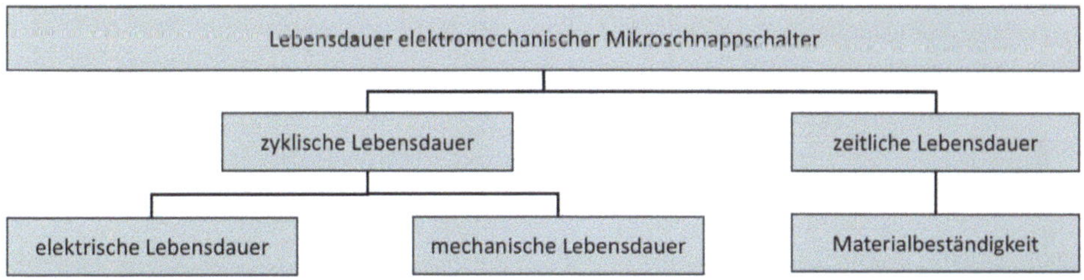

Abb. 3.18 Übersicht der Lebensdaueranforderung elektromechanischer Mikroschnappschalter

3.5.3   Lebensdauer

Die Lebensdauer stellt einen der wichtigsten qualitativen Aspekte eines Mikroschalters dar, da sie dessen Hauptzweck der Signal- bzw. Energieleitung über die Nutzungsdauer der Anwendung abdeckt. Allerdings wird die Lebensdauer in unterschiedliche Teilfaktoren gegliedert. Zu einem wird die zyklische Lebensdauer, also in Abhängigkeit der Nutzung des Mikroschalters, zum anderen eine zeitliche Lebensdauer, also in Abhängigkeit der passiven Materialalterung, betrachtet. Eine Übersicht hierzu ist in Abb. 3.18 aufgeführt.

Zyklische Lebensdauern können sowohl rein mechanisch, elektromechanisch, oder elektromechanisch mit Kombination äußerer Störeinflüsse (wie etwa klimatischen Änderungen) angegeben werden.

- Eine reine mechanische Lebensdauer betrachtet zumeist den mechanischen Verschleiß von Führungselementen, Dichtungen und elastischen Komponenten im Schalter. Aus Anwendungssicht ist eine Betrachtung der mechanischen Lebensdauer in Produkten mit der Möglichkeit einer reinen mechanischen Betätigung, beispielsweise bei Bedienschaltern, gegeben. In diesen Anwendungsszenarien kann ein Schalter auch bei elektrisch deaktiviertem Gerät mechanisch betätigt werden. Oft übersteigt die Anforderung einer mechanischen Lebensdauer die Anforderung der elektrischen Lebensdauer.
- Eine elektromechanische Lebensdauer fügt der rein mechanischen Betrachtung zusätzlich eine elektrische Prüfung der Kontakte über die definierten elektrischen Parameter oder auch über eine Widerstandsmessung hinzu. Ziel ist dabei Beurteilung des Abbrandverhaltens bzw. der elektrischen Widerstandsfähigkeit der Kontaktstellen gegenüber der elektrischen Last.
- Beide zyklischen Lebensdauermessungen können auch durch klimatische Messungen mit Variation der Umgebungstemperatur und Luftfeuchte ergänzt werden.

Bei den Lebensdauerangaben, die das Langzeitverhalten betreffen, kann die Lebensdauer von Mikroschaltern insbesondere im Hinblick auf das Oxidationsverhalten der metallischen Komponenten betrachtet werden. Der international als „shelf-life" bezeichnete Parameter spezifiziert die Lagerfähigkeit über einen definierten Zeitraum.

Neben der elektrischen Lebensdauer kann noch die mechanische Lebensdauer eine wichtige Anforderung für elektromechanische Mikroschaltern sein. Sie gibt an, wie viele mechanische Betätigungen zulässig sind, ohne dass ein elektrischer Schaltvorgang stattfindet. Diese Angabe korrespondiert zu den Setzungserscheinungen der elastischen Komponenten des Mikroschalters.

3.5.4 Umgebungsbedingungen

Wie im Kap. 2 eingeleitet, dient das mechanische Gehäuse eines Mikroschnappschalters zum Schutz des Kontaktsystems und der metallischen mechanischen Komponenten (z. B. aus Messinglegierungen) vor äußeren Einflüssen. Aufgrund guter Herstellbarkeit, hoher technischer Fertigungsgüte auch bei hohen Stückzahlen und einer guten Wirtschaftlichkeit haben sich thermoplastische Kunststoffgehäuse durchgesetzt. Allerdings sind auch Gehäuse aus Duroplasten und metallischen Gusswerkstoffen im Einsatz, die ihre Daseinsberechtigung haben.

Mikroschalter mit thermoplastischen Gehäusen (z. B. Polyamid- oder Polycarbonat-Basis) können in einer weiten mechanischen Stabilitätsbandbreite hergestellt werden. Zudem bieten sie eine gute chemische und thermische Beständigkeit.

Duroplastische Gehäuse bieten die Option höherer thermischer Einsatzparameter und beinhalten zumeist keine Halogene, die bei thermoplastischen Werkstoffen eingesetzt werden.

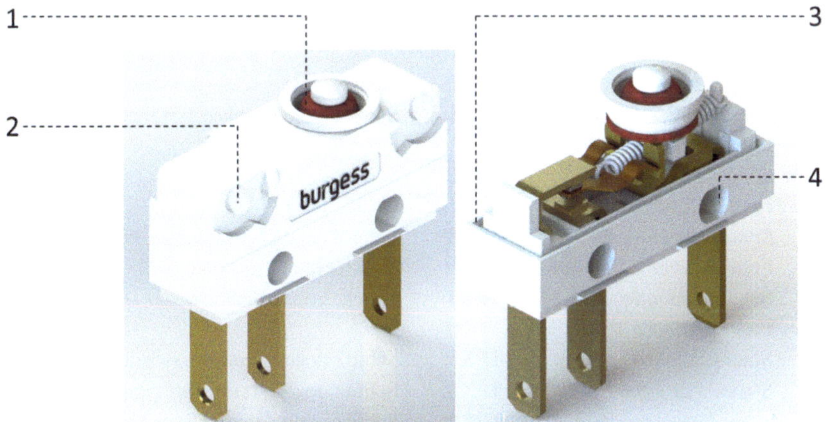

Abb. 3.19 Gedichteter Mikroschalter der Subminiatur-Baugröße, 1) elastischer Dichtungsbalg um den Stößel, 2) Gehäuseoberschale, 3) Dichtungsumlaufnut ggf. mit eingelassener Dichtungskomponente, 4) Gehäuseunterschale

Metallische Gehäuse werden für besonders anspruchsvolle Umgebungsbedingungen, z. B. in der Produktions- und Gebäudetechnik eingesetzt, wo sie teils aggressiven chemischen Medien ausgesetzt werden.

Im Weiteren wird die Anwendung von den am häufigsten vorkommenden thermoplastischen Gehäuseelementen vertieft.

Der Blick ins Innere eines Mikroschnappschalters nach Abb. 3.19 zeigt den komplexen mechanischen Aufbau, der vor Fremdmaterialien geschützt werden muss. Durch das Drücken des Stößels werden die inneren Präzisionsteile bewegt, und der innere bewegliche Kontakt schnappt, unterstützt durch eine Zugfeder, vom oberen zum unteren Kontakt um. Alle metallischen Innenteile sind mit minimalen Toleranzen und hohen Anforderungen an saubere Oberflächen zusammengefügt. Wenn Staub, Schmutz oder Flüssigkeitspartikel in diese Präzisionselemente eindringen, blockieren sie die Mechanik oder verunreinigen die stromführenden Kontakte. Dies führt zu einer Fehlfunktion, da jedes Staub-, Schmutz- oder Feuchtigkeitsteilchen auf den Kontaktflächen den elektrischen Stromfluss stört.

Der vorgestellte Mikroschnappschalter verfügt daher über mehrere Dichtungen, die nach IP-Schutzartdefinition (von engl. „ingress protection" – Eindringschutz) klassifiziert sind und strenge Anforderungen erfüllen müssen, um über Jahre hinweg das Eindringen von Flüssigkeiten aus Anwendungen wie z. B. Kaffeemaschinen oder Umgebungsschmutz zu verhindern.

Die IP-Schutzklassen sind unter anderen für Straßenfahrzeuge nach ISO 20653:2013 definiert. Dabei beschreibt der zweistellige Code den Schutz des Mikroschalters gegen Fremdkörper (erste Ziffer) und den Schutz gegen Wasser (zweite Ziffer). Ein Mikroschalter mit IP67 gilt als staubdicht und gegen zeitweiliges Untertauchen und starkes Strahlwasser geschützt. Tab. 3.2 gibt eine kompakte Zusammenfassung der korrespondierenden Prüfbedingungen an.

Tab. 3.2 Übersicht zu IP-Schutzklassen nach ISO 20653:2013

Schutzklasse gegen Fremdkörper		IP-Schutzklasse gegen Wasser	
IP0X	Kein Schutz	**IPX0**	Kein Schutz
IP1X	Schutz gegen feste Fremdkörper > 50 mm	**IPX1**	Schutz gegen senkrecht fallendes Tropfwasser
IP2X	Schutz gegen feste Fremdkörper > 12,5 mm	**IPX2**	Schutz gegen fallendes Tropfwasser bei Neigung bis 15°
IP3X	Schutz gegen feste Fremdkörper > 2,5 mm	**IPX3**	Schutz gegen Sprühwasser bis 60° zur Senkrechten
IP4X	Schutz gegen feste Fremdkörper > 1 mm	**IPX4**	Schutz gegen Spritzwasser aus allen Richtungen
IP5X	Staubgeschützt	**IPX5**	Schutz gegen Strahlwasser aus allen Richtungen
IP6X	Staubdicht	**IPX6**	Schutz gegen starkes Strahlwasser
		IPX7	Schutz gegen zeitweiliges Untertauchen (bis zu 30 min in 1 m Tiefe)
		IPX8	Schutz gegen dauerhaftes Untertauchen (über 1 m Tiefe, genaue Bedingungen vom Hersteller festgelegt)
		IPX9	Schutz gegen Hochdruck- und Dampfstrahlreinigung

Die flexible Balgdichtung (1) wird aus Elastomeren gefertigt und sorgt dafür, dass keine Partikel in das Gehäuse entlang des Stößels gelangen. Zu beachten ist, dass bei einer Validierung der IP-Schutzklasse die mechanische Funktionalität nicht unmittelbar abgeprüft wird. Die Dichtigkeitsvalidierung erfolgt am ruhenden Schalter im Medienraum (z. B. in einem Wasserbad). Zu beachten ist somit, dass eine Dichtigkeitsvalidierung eines funktionalen Mechanismus in der Applikation zu evaluieren ist, oder dass Mikroschalter nach Spezifikation IP67M („M" für „movable components" – also bewegliche Komponenten) gestaltet und geprüft sein kann.

Neben der Abdichtung des beweglichen Stößels wird auch eine Abdichtung des Gehäuses umgesetzt. Zu einem kann eine umlaufende Dichtungskante aus einem Elastomer eingesetzt sein, zum anderen kann eine mechanische Gestaltung einer umlaufenden Kante so ausgelegt sein, dass bei einer stoffschlüssigen Verbindung einer Dichtigkeit gewährleistet wird. Im vorgestellten Beispiel ist die Umlaufkante des Schalterdeckels und der Schalterbasis so gestaltet, dass bei der Montage beider Komponenten über ein Ultraschallschweißverfahren eine dichte stoffschlüssige Verbindung aufgebaut wird.

Je nach Schalterausführung kann auch eine Abdichtung der elektrischen Anschlussterminals erfolgen. Zwischen Gehäuse und metallische Terminals kann ein Dichtungsklebstoff eingesetzt werden. Um einen angeschlossener Kabelstrang an den Terminals kann eine Dichtungsmasse vergossen werden, die auch sowohl eine Fluid- als Gasdichtheit sicherstellt.

Alle Dichtungskomponenten müssen in einem thermischen Einsatzintervall der jeweiligen Anwendung standhalten. Im Automobilbereich müssen daher zwischen -40 °C und 85 °C bzw. 125 °C die genutzten Elastomere eines geeigneten Mikroschalters ihre Dichtungsfunktion über eine lange Lebensdauer gewährleisten. Hier werden beispiels-

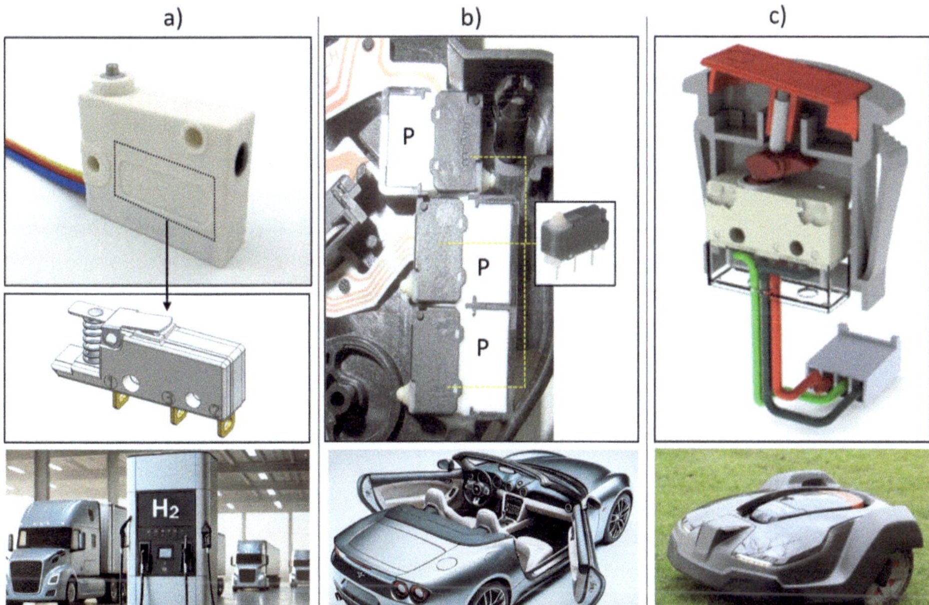

Abb. 3.20 (**a**) Subminiatur-Schnappschalter integriert in eine gegen Gas gedichtete Einhausung mit metallischer Präzisionslagerung am äußeren Bedienstößel, (**b**) IP67 zugelassener Ultraminiatur-Schnappschalter L16 integriert in eine Automobil Türschlossanwendung. Eine Abdichtung der unteren Kontaktanschlüsse wird über eine Dichtungsmasse (mit ‚P' markierten Flächen im Bild) eingebracht, (**c**) Subminiatur-Schnappschalter integriert in eine gegen Wasser gedichtete Wippenschalter-Bedieneinheit

weise mechanisch-thermische Lebensdauertests durchgeführt, um die Lebensdauer zu validieren, die mehrere Millionen Zyklen überdauern kann.

Abb. 3.20 zeigt weitere ausgesuchte Beispiele an Schutzvorrichtungen gegen Umgebungsbedingungen, zumeist Dichtungen. In a) ist ein Mikroschnappschalter in ein Gehäuse integriert welches besonders hermetisch gegenüber Gasen abgedichtet ist. Hier befindet sich um einen vorgespannten Mikroschalter eine Kapselung mit einem Gasdichtem metallischem Linearlager mit metallischem Ausgangsstößel. Die Kapselung isoliert den Schalter von einem Gasraum, der ggf. durch den im Schalter auftretenden Lichtbogen entzündet werden könne. Derartige Schalter erfüllen Anforderungen nach ATEX 2014/34/ EU. Im Bereich der Wasserstofftechnik und anderer technischer Gase derart gekapselte Schalter eingesetzt werden.

Neben Dichtungen am beweglichen Stößel und den Gehäuseelementen werden auch Dichtungselemente um die elektrischen Anschlussterminals realisiert, wie in Abb. 3.20b gezeigt. Dies wird nach der elektrischen und mechanischen Integration der Schalter in die Anwendung durch die Verwendung von Vergussmassen, z. B. auf Basis von Polyurethanen, erreicht. Die beim Vergussprozess noch zähflüssige Masse kann einen definierten Volumenraum um feinadrige Leitungen und Terminals so ausfüllen, dass über die Lebensdauer der Anwendung keine aggressiven Medien, Flüssigkeiten oder Gase an die metallischen Komponenten des Schalters herangelassen werden. Im korrespondierenden Bild ist die Anordnung der Mikroschalter in Automobil-Türschlösser gezeigt. Hier überwachen Mikroschnappschalter die Motorstellungen bzw. die Stellungen der Schlossmechanik und müssen vergleichsweise hohen Ansprüchen an Funktion, Sicherheit und der damit verbundenen Dichtigkeit gegenüber Fremdmedien erfüllen.

Besonders hohe Anforderungen an die Dichtigkeit erfüllen mechanische Schalter im Outdoor-Bereich. Der im Abb. 3.20c vorgestellte gedichtete Wippenschalter Tough-Seal kann sogar unter Wasser betätigt werden. Basis dieses Schalters ist ein Subminiatur Mikroschnappschalter, welcher über einen Feder-Hebelumformer zu einem Wippenschalter erweitert wird. Die Wippe kann bistabil geschaltet werden. Weiterhin ist diese Wippe mit Dichtungselementen kombiniert, so dass bei allen Wippenstellungen, auch während des Umschaltens, keine Flüssigkeit von oberhalb der Wippe zu dem Mikroschalter eindringen kann. Dieser Schalter wird daher in Outdoor-Anwendungen, z. B. in autonomen Gartenrobotern als Hauptschalter, eingesetzt. Ein entsprechender Versuchsausschnitt ist hierzu auch in Abb. 3.21 gezeigt. Dabei wurde der Schalter unter Spritzwasser (oberer Bildteil) als auch in einer 1 m Wassersäule (unterer Bildteil) betätigt.

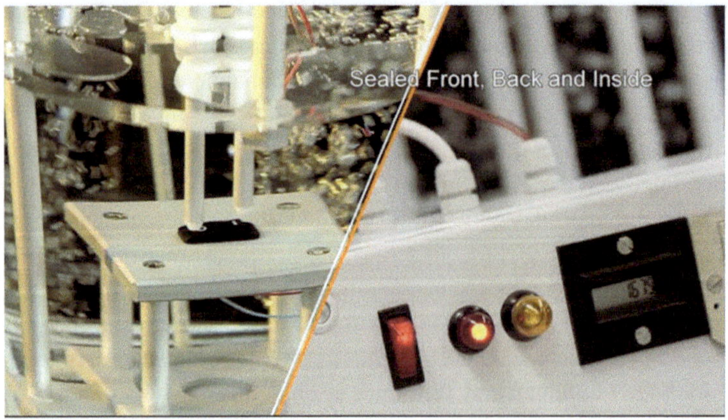

Abb. 3.21 Validierungen des gedichteten Wippenschalters Tough-Seal

3.5.5 Vibrationen

Ein Schalter, welcher häufig Vibrationen ausgesetzt ist, ist besonders störanfällig. Durch die Vibrationen kann der Kontakt vom Ruhekontakt abheben(flattern) und somit einen zusätzlichen Kontaktabbrand verursachen. Je höher der Kontaktdruck und je geringer die Schaltfedermasse ist, desto höher ist eine Vibrationsfestigkeit gefordert. Möglichst kleine Schalter mit hohem Kontaktdruck zeigen in dieser Hinsicht besonders gute Eigenschaften. Durch Vergrößern des Öffnungsweges der Kontakte auf Kosten der mechanischen Lebensdauer und bei höheren Betätigungskräften kann der Kontaktdruck wesentlich erhöht werden. Mangelnder Kontaktdruck ist die häufigste Ursache von Ausfällen bei leicht zu betätigenden Schaltern, da verringerte Betätigungskräfte immer mit veränderter Kontaktöffnung, schwächeren Federn und damit schlechterem Kontaktdrücken erkauft werden müssen. Der Einschaltdruck sollte aus den genannten Gründen stets so hoch wie möglich gewählt werden. Schalter, welche z. B. auf Werkzeugmaschinenschlitten oder im Fahrzeug aufgebaut sind und hohen Beschleunigungs- bzw. Verzögerungskräften ausgesetzt sind, sollten so befestigt sein, dass die Beschleunigungskräfte in Richtung der Längsachse der Feder oder des Schaltstücks einwirken, da der Kontaktdruck dann weitgehend unbeeinflusst bleibt.

Schaltkontakte in Mikroschaltern 4

In diesem Kapitel werden die grundlegenden Eigenschaften zu elektrischen Schaltkontakten in kompakter Form vorgestellt. Eine umfassende Detailbeschreibung zu elektrischen Kontakten bietet das Buch „Elektrische Kontakte, Werkstoffe und Anwendungen" im Springer Verlag [2].

Die Schaltaufgaben, die in der Praxis vom Mikroschnappschaltern auftreten, sind äußerst vielfältig. Es werden Signal- und Leistungsströme im Bereich weniger Milliampere bei Spannungen von Millivolt bis zu Schaltleistungen von mehreren Kilowatt eingesetzt. Diese unterschiedlichen Anforderungen erfordern spezifische Eigenschaften der Schaltkontakte. Im Vordergrund steht dabei eine gute elektrische und thermische Leitfähigkeit des Kontaktwerkstoffes, da neben der Stromführung auch die Wärmeabfuhr von großer Bedeutung ist. Eine hohe Leitfähigkeit gewährleistet eine effiziente Stromübertragung und verhindert übermäßige Erwärmung der Kontakte.

4.1 Schaltkontakt und Übergangswiderstand

Elektrische Schaltkontakte werden oft idealisiert als flächig berührende Oberflächen dargestellt. In der Anwendung sind die Oberflächen jedoch raue Mikrostrukturen, deren gegenseitig ausgerichtete Erhöhungen sich berühren. Bei der Berührung zweier Kontaktstücke werden sich immer nur einige wenige Punkte berühren. Demzufolge treten an diesen Übergangsstellen erhöhte Stromdichten auf, was praktisch einer Zusammendrängung der Stromlinien gleichkommt (Abb. 4.1). Diese Zusammendrängung der Stromlinien bewirkt einen sogenannten Engewiderstand (R_E).

Neben dem Engewiderstand tritt noch ein zusätzlicher Widerstand an den Kontaktstellen auf. Er entsteht durch Oxide, Sulfide, Chloride, Wasser, Öl, Staub und Schmier- und

© Der/die Herausgeber bzw. der/die Autor(en), exklusiv lizenziert an Springer
Fachmedien Wiesbaden GmbH, ein Teil von Springer Nature 2025
A. Czechowicz, *Mikroschalter in der Praxis*,
https://doi.org/10.1007/978-3-658-49413-1_4

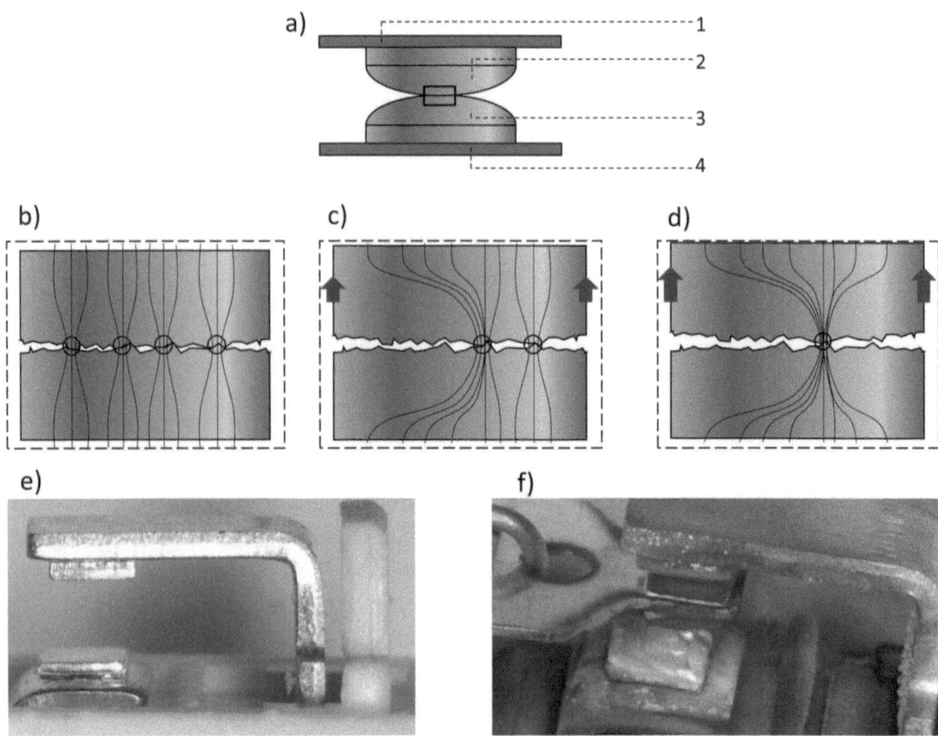

Abb. 4.1   (**a**) Prinzipdarstellung eines Schaltkontaktaufbaus, 1) Terminal oberer Kontakt, 2) Schaltkontaktelement des beweglichen Kontaktes, 3) Schaltkontaktelement des beweglichen Kontaktes, 4) Terminal des unteren Kontaktes; (**b**) bis (**c**) Öffnungsvorgang des in „(**a**)" markierten Schaltkontaktes mit Verlaufsänderung der Stromlinien bei Änderung des Öffnungszustandes. (in Anlehnung an [3]); (**e**) feststehende Kontaktterminals mit aufgebrachten Schaltkontaktelementen (im Neuzustand); (**f**) Schaltkontaktstelle mit beweglichem Schaltkontakt nach elektrischer Nutzung

Kontaktfette und wird als Fremdschichtwiderstand (R_F) bezeichnet. Die Summe dieser beiden Widerstände ergibt den Kontaktwiderstand

$$R_K = R_E + R_F \tag{4.1}$$

Die Minimierung des Kontaktwiderstands ist entscheidend für die Effizienz und Zuverlässigkeit von Schaltgeräten. Ein hoher Kontaktwiderstand kann zu Energieverlusten und Überhitzung führen, was die Lebensdauer der Kontakte und des gesamten Schaltersystems beeinträchtigen kann. Wird die Anpresskraft zweier Kontakte erhöht, so tritt aufgrund der geringen Berührungsfläche und der durch die thermische Beanspruchung hervorgerufenen Temperaturerhöhung zunächst eine elastische und später eine plastische Verformung der Berührungspunkte auf. Das bedeutet, dass die ersten Berührungsspitzen infolge plastischer Verformung ihre tatsächliche Berührungsfläche vergrößern. Gleichzeitig entstehen dadurch neue Berührungspunkte. Dieser Vorgang wird durch eine wälzend-schiebende Bewegung entlang der Kontaktoberflächen unterstützt.

So ergeben sich neben den weiterhin mit Fremdschichten behafteten, nichtleitenden Flächen Stellen rein metallischer Berührung, und nur diese allein dienen dem Stromübergang. Aus diesen Zusammenhängen ist zu erkennen, dass der Kontaktwiderstand stark von der Größe der Kontaktkraft abhängig ist. Bei Versuchen wurde ermittelt, dass der Engewiderstand umgekehrt proportional der Quadratwurzel der Kontaktkraft ist:

$$R_E \approx \frac{1}{\sqrt{F}} \qquad (4.2)$$

Befindet sich zwischen zwei metallischen Oberflächen eine Fremdschicht mit gleichmäßiger Dicke (d) und dem spezifischen Widerstand (ρ_F), so ergibt sich der Fremdschichtwiderstand aus:

$$R_F = \frac{\rho_F \cdot d}{A} \qquad (4.3)$$

In der Praxis wird der Kontaktwiderstand (R_K) durch Messen des Spannungsabfalls ermittelt. Da der Kontaktwiderstand von der Größe der rein metallischen Berührungsfläche und diese wiederum von der Kontaktkraft und der Oberflächengüte der Kontakte im Berührungspunkt abhängig ist, muss bei Schaltgeräten ein bestimmtes Verhältnis zwischen Kontaktkraft und Dauerstrom eingehalten werden, wenn sicherer Betrieb gewährleistet sein soll.

4.2   Der Lichtbogen und sein Einfluss auf die Lebensdauer

Beim Öffnen der Schaltkontaktstelle eines Schnappschalters entfernen sich die Kontaktelemente voneinander, so dass der Strom dann in Abhängigkeit von den elektrischen Eigenschaften des Stromkreises von einem Kontaktstück zum anderen zuletzt nur noch über eine dünne Brücke fließen kann, vgl. Abb. 4.1b-d. Der im Verhältnis zum Brückenquerschnitt nun erhöhte Stromfluss erwärmt das Brückenmaterial so stark, dass es schmilzt und verdampft. Die Brücke reißt beim weiteren Öffnen der Schaltstücke ab, da sich der elektrische Widerstand während des Öffnungsvorganges rasch vergrößert. Der Strom fließt dann über einen Lichtbogen weiter, welcher zwischen den Kontakten im Metalldampf (Metallionen) brennt, da seine Temperatur mehrere tausend °C an der Oberfläche betragen kann. Entfernen sich die beiden Kontakte weiter voneinander, so dehnt sich der Lichtbogen in demselben Maße aus. Er bleibt bis zu einer gewissen Länge, die von der Höhe der zu schaltende Leistung und von der Stromart abhängig ist, stehen und verursacht an seinen Fußpunkten einen lokalen Kontaktabbrand. Erst bei weiterem Entfernen der Kontakte beginnt der Lichtbogen zu laufen. Damit scheint sich der Lichtbogen in der

Schaltkontaktebene scheinbar zu bewegen. Er wird durch sein eigenes magnetisches Feld beeinflusst und in die Länge gezogen.

Da der Lichtbogen einen Kontaktabbrand verursacht, ist man bemüht, diesen möglichst klein zu halten. Man erreicht dies durch ein möglichst rasches Vergrößern des Öffnungsweges, weswegen bei Mikroschnappschaltern der Federmechanismus mit definierter mechanischer Verstellung vorteilhaft gegenüber direktwirkenden Schaltprinzipien sein kann. Der Kontaktabbrand ist ferner von der Strom- und Belastungsart abhängig. Wechselstrom verhält sich beim Schaltvorgang günstiger als Gleichstrom, weil der entstehende Lichtbogen beim Nulldurchgang im Allgemeinen verlöscht.

Weitaus ungünstiger liegen die Verhältnisse bei Gleichstrom, denn oberhalb gewisser kritischer Grenzwerte von Spannung und Strom erlischt der Lichtbogen nicht von selbst. In größeren elektromechanischen Schaltsystemen werden daher Hilfskomponenten verbaut, die eine erzwungene Lichtbogenlöschung umsetzen. Diese Hilfskomponenten nutzen verschiedene Techniken, um den Lichtbogen zu löschen. Hiermit sind unter anderem Lichtbogenleitbleche gemeint, die den Lichtbogenlauf forcieren und durch eine integrierte Abstandsvergrößerung der Kontaktelemente der Lichtbogen gelöscht wird.

Das Aufschmelzen der Kontaktelemente kann im allgemeinem bei Überschreitung kritischer Temperaturen, bzw. bei einer ungenügenden Temperaturabführung zum Verschweißen der Kontaktelemente führen. Durch den bei Gleichstrom in einer Richtung stattfindenden Energiefluss wird der durch Aufschmelzung entstehende Metalldampf in Energieflussrichtung transportiert. Damit kann sich besonders bei Gleichstromanwendungen eine Materialhäufung bzw. ein Materialabtrag im Schaltermechanismus ergeben, die zu einer mechanischen Funktionsstörung führen kann.

Unterhalb einer gewissen Spannung lässt sich ein Strom geringer Stärke und Art unterbrechen, ohne dass ein Lichtbogen entsteht. Diese Grenzspannung liegt für alle Kontaktwerkstoffe in angenähert gleicher Höhe von 12-15 V. Eine obere Begrenzung der praktisch möglichen Ströme ergibt sich aus Stromdichte bzw. Querschnitt, aus der daraus folgenden Erwärmung und aus anderen Faktoren. Eine detailliertere Einschätzung der elektrischen Verhältnisse von Strom und Spannung zum Auftreten von Lichtbögen in Schaltungsvorgängen zeigt Abb. 4.2.

Die elektrische Lebensdauer eines Schnappschalters ergibt sich somit hauptsächlich vom zu Schaltenden Strom und von der Spannung. Allerdings spielen die Faktoren Schalthäufigkeit, elektrische Lastspitzen (z. B. durch induktive Lasten) sowie die Sauberkeit der Kontaktoberflächen eine nicht zu vernachlässigende Rolle bei Betrachtung der elektrischen Lebensdauer. Besonders sei die Schalthäufigkeit (je Stunde) hier hervorgehoben: diese kann eine kumulierte Erwärmung des metallischen Schaltkontaktes bedingen die wiederrum eine Widerstandserhöhung bzw. auch ein Aufschmelzen der Kontaktelemente begünstigen kann. Abb. 4.3 zeigt ein Lebensdauerdiagramm zur Einschätzung der elektrischen Lebensdauer je nach Anwendung (Gleich- bzw. Wechselstromanwendung). Bei Wechselstromanwendungen von Mikroschnappschaltern wird häufig der Bezug zu 250 VAC gebildet, während bei Gleichströmen genauere Angaben zum Zusammenspiel aus Strom- und Spannung getroffen werden müssen um eine Voreinschätzung abzulesen. Wird

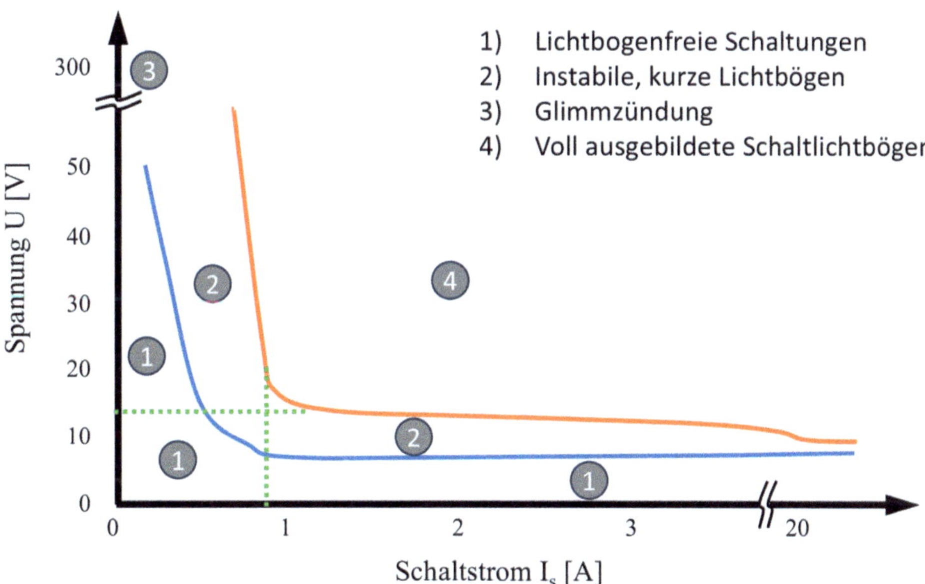

Abb. 4.2 Lichtbogengrenzkurven mit vier Schaltbereichen in Abhängigkeit des geschalteten Stroms und anliegender Spannung. (frei nach [4])

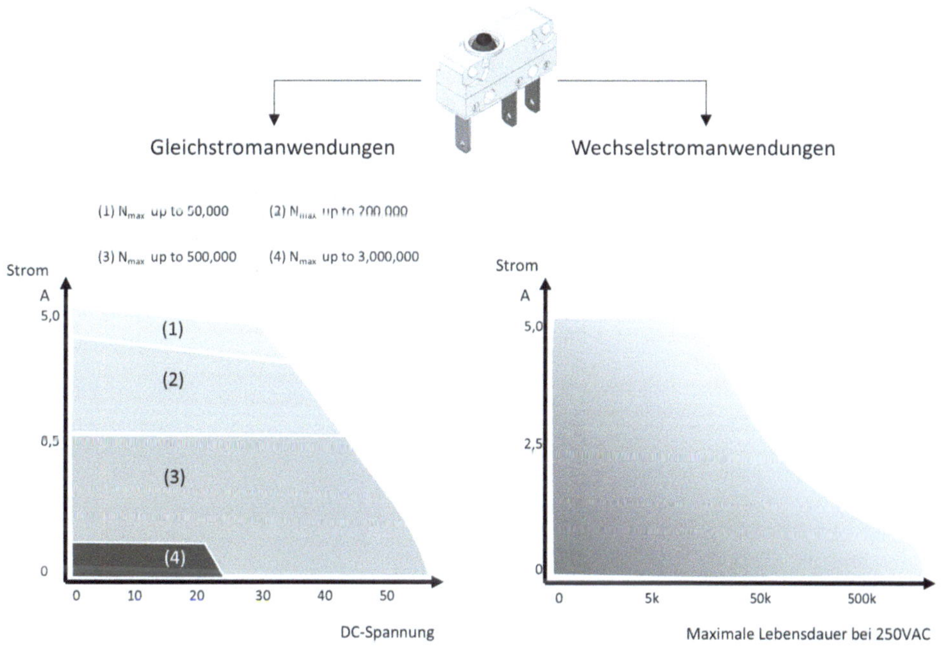

Abb. 4.3 Beispiel eines Lebensdauerdiagramms zum Subminiatur-Schnappschalter V4NS bei Gleich- und Wechselstromanwendungen

in dem Beispiel eine Spannung von 12 VDC bei 4,5 A angesetzt, kann eine maximale Lebensdauer von bis zu 50.000 Zyklen abgeschätzt werden. Bei 18 VDC und lediglich 0,05 A kann beim gleichen Schalter eine Lebensdauer von 3 mio. Zyklen erreicht werden.

4.3 Schaltkontaktstellenbedingte Erwärmung des Mikroschalters

In den VDE 0660 850 Vorschriften wird die mittlere Kontaktgrenztemperatur als maßgebliches Kriterium für die zulässige Belastung der Kontaktstücke definiert. Bei Kupferkontakten in Luft und im Dauerbetrieb sollte diese Temperatur beispielsweise 80 °C nicht überschreiten. Für Kontaktstücke aus reinem Silber oder mit Silberplattierung sind keine spezifischen Höchstwerte festgelegt; hier ist lediglich der Einfluss der Erwärmung auf benachbarte Komponenten entscheidend. Dies impliziert praktisch, dass für Silberkontakte eine höhere Temperatur zulässig ist. Die Eignung hierfür wird experimentell durch den sogenannten „Temperature Rise Test" nach IEC 61058-1 ermittelt. Diese messbare Erwärmung wird von einer sehr steilen Temperaturspitze überlagert, die an den mikroskopisch kleinen Übergangsstellen auftritt, an denen die metallische Kontaktberührung stattfindet. Von dieser Stelle, an der punktuell die höchste Temperatur entsteht, wird die Wärme durch Leitung, Konvektion und Strahlung abtransportiert. Aufgrund der exzellenten Wärmeleiteigenschaften der Kontaktwerkstoffe treten Strahlung und Konvektion in ihrer Wirkung hinter die Wärmeleitung zurück. Daher kann angenommen werden, dass die Temperaturverteilung im Kontakt primär durch Wärmeleitvorgänge bestimmt wird, die durch den Temperaturgradienten gesteuert werden. Der Aufbau der Erwärmung in der Umgebung eines Kontaktes verdeutlicht, dass es essenziell ist, eine möglichst große Wärmemenge pro Zeiteinheit von der Kontaktstelle abzuleiten, um die Temperatur am Kontakt möglichst gering zu halten und somit seine Belastbarkeit zu erhöhen. Aus diesem Grund sollten Schalter Schaltstücke mit optimaler Wärmeableitung aufweisen. Dies kann durch einen ausreichend großen Querschnitt und die Verwendung eines Werkstoffs mit hoher Wärmeleitfähigkeit erreicht werden. Abb. 4.4 illustriert die Analyse eines Mikroschnappschalters der

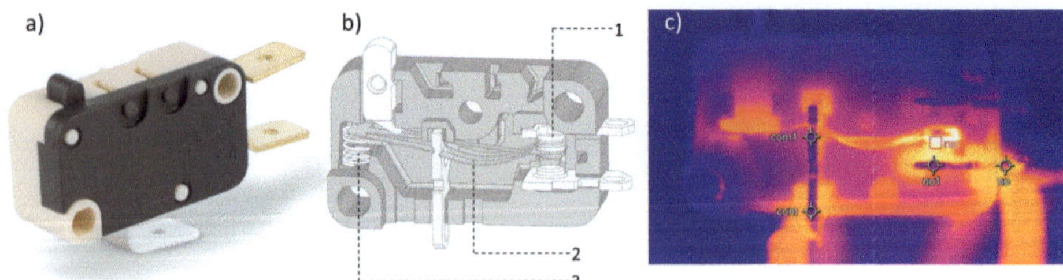

Abb. 4.4 (**a**) Miniatur-Schnappschalter X3 für Anwendungen bis 250VAC und 12A; (**b**) innerer Prinzipaufbau des Miniatur-Schnappschalters mit 1) Kontaktstelle, 2) federelastischem beweglichem Kontakt, 3) Druckfeder zur Stößelrückstellung; (**c**) Wärmebild des Schalters nach „(**b**)" ohne Deckel

Miniaturbaugröße: a) Außenansicht, b) den inneren Aufbau als Konstruktion und c) die Wärmeentwicklung mit Hotspots als Wärmekamerabild. Die jeweils hellsten Punkte entsprechen den höchsten Schalttemperaturen. Es ist erkennbar, dass sich metallische Komponenten mit erwärmen. Auffällig ist, dass massive Elemente, wie in diesem Fall das COM-Terminal, aufgrund ihrer im Vergleich größeren Masse eine geringere Erwärmung aufweisen.

4.4 Kontaktprofilgeometrie

Mikroschnappschalter sind mit verschiedenen Kontaktelementen ausgestattet, die beispielsweise als gewalzte Kontaktprofile oder geprägte Kontaktniete verfügbar sind. Diese Elemente werden in der Regel aus hochwertigen Materialien gefertigt (siehe Abschn. 4.5) und sind daher auf ein notwendiges Minimum an Materialverbrauch ausgelegt. Die Geometrien der Kontaktelemente erfüllen mehrere Funktionen. Einerseits dienen Kontaktprofile bzw. Kontaktniete der Übertragung elektrischer Energie, wie in den Abschn. 4.1, 4.2 und 4.3 beschrieben. Dabei ist gemäß Gleichung (4.3) zu beachten, dass eine störende Zwischenschicht zwischen den Kontaktelementen (z. B. ein Staubkorn) den Schaltübergang behindern oder unmöglich machen kann. Aus diesem Grund werden in der Praxis unterschiedliche Geometrien der Kontaktelemente verwendet, wie in Abb. 4.5 anhand von drei Beispielen und in Abb. 4.6 anhand von Realbildern, gezeigt. Es wird jeweils eine Profilgeometrie sowie die zugehörige idealisierte Kontaktfläche bei einem flachen Gegenkontaktstück dargestellt. Zwar nimmt die langfristig zuverlässig zu schaltende elektrische Energie mit abnehmender Kontaktfläche ab, jedoch steigt die Widerstandsfähigkeit gegenüber Partikeln und anderen Fremdschichten, die möglicherweise in den Schalter

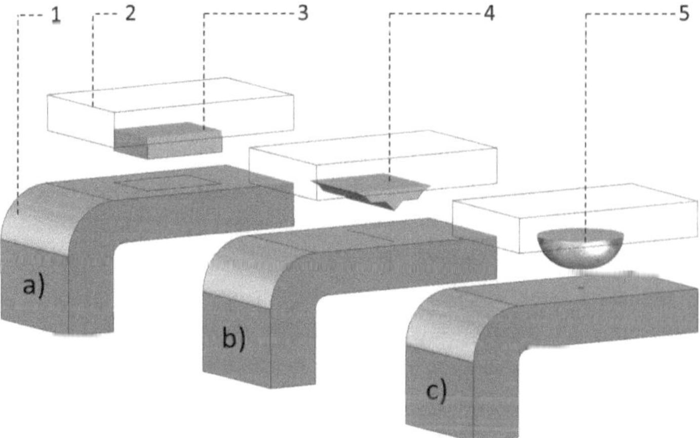

Abb. 4.5 Unterschiedliche Kontaktprofilgeometrien, (**a**) Flachenkontakt, (**b**) Linienkontakt, (**c**) Punktkontakt, 1) ebene Gegenkontaktfläche, 2) beweglicher Kontaktträger, 3) flaches Schaltkontaktelement, 4) Schaltkontaktelement mit Schneidenprofil, 5) rundes Schaltkontaktelement

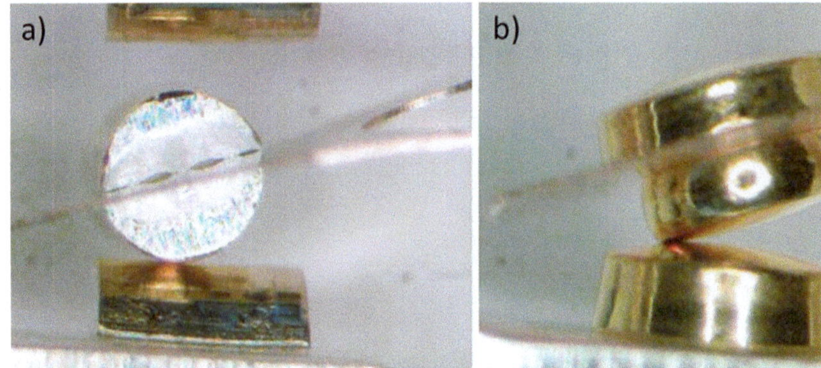

Abb. 4.6 Ausführungsformen von Schaltkontaktelementen; (**a**) aufgeschweißte halbrunde Schaltelement-Profile auf festen und beweglichem Kontakt (Punktkontakte); (**b**) genietete zylindrische Schaltelemente bei denen sich durch die Stellung des beweglichen Kontaktes Linien- oder Punktkontakte ergeben können

eindringen können. Im Vergleich zu einem Flachkontakt (a) hat ein Linienkontakt (b) einen deutlich reduzierten Bereich, in dem sich die metallischen Kontaktelemente berühren. Statistisch gesehen ist es unwahrscheinlicher, dass sich genau auf dieser Kontaktlinie ein störendes Element absetzt. Die Wahrscheinlichkeit einer Störung ist bei Punktkontakten (c) noch geringer.

Eine weitere Funktion, die den Kontaktelementen teilweise zugeschrieben wird, ist die Reduktion von sogenannten Prelleffekten. Aufgrund des Sprungmechanismus im Schnappschalter erfolgt der Umschaltvorgang mit hoher Verstellgeschwindigkeit. Dies kann dazu führen, dass die Kontakte nach dem Berühren aufgrund der Elastizität der Werkstoffe und des Sprungmechanismus wieder voneinander abprallen und erneut zusammenstoßen. Dieser Vorgang wird als Prellen bezeichnet. Das Prellen kann als abklingende Schwingung auftreten, bevor es durch die Dämpfung des Sprungmechanismus und die Verformung der Kontakte zur stabilen Schaltposition kommt. Jedes Prellen ist unerwünscht, da es zusätzliche elektrische Schließ- und Öffnungsvorgänge der elektrischen Energieleitung mit den entsprechenden Effekten (Temperaturanstieg, Lichtbogenbildung und Abbrand der Kontaktelemente) verursacht. Intensive Prelleffekte verkürzen somit die Lebensdauer des Schalters. Für den Abbrand ist die Dauer des Abhebens der Kontakte und der Strom im Moment des Abhebens entscheidend. Besonders bei Schaltgeräten, die für eine hohe Lebensdauer und für Lasten mit starken Einschaltströmen ausgelegt sind, ist es wichtig, dass die Kontakte nahezu prellfrei arbeiten. Zur Minimierung des Kontaktprellens gibt es verschiedene Entprellungsmethoden. Eine Möglichkeit ist die mechanische Entprellung, bei der spezielle Federmechanismen oder Dämpfungselemente eingesetzt werden, um das Abprallen der Kontakte zu verhindern. Aufgrund der kompakten Bauweise können hier nur bereits genutzte Komponenten so ausgelegt werden, dass auch Dämpfungsfunktionen, beispielsweise durch elastische bewegliche Kontakte, realisiert werden. Das Prellen und damit der Kontaktabbrand lassen sich auf ein erträgliches Maß reduzieren, wenn die Massen der Schaltkontaktelemente, Auftreffgeschwindigkeit der Kontakte, Federkräfte sowie die Eigenfrequenz der sich berührenden Federsysteme aufeinander abgestimmt werden.

4.5   Kontaktelementwerkstoffe

Um eine hohe Lebensdauer und eine gute Reproduzierbarkeit der Schaltwege eines Schnappschalters zu erreichen, verlangt man vom Kontaktwerkstoff folgende Eigenschaften:

- hohe elektrische und thermische Leitfähigkeit
- geringe Neigung zur Bildung von Oberflächenfremdschichten
- geringer Abbrand
- hoher Schmelzpunkt
- hinreichende Härte und Festigkeit, um beim Schaltvorgang keine Verformungen der gegenkontakte zu verursachen
- einfache Formgebung und günstiger Preis.

Es gibt allerdings keinen Werkstoff, der alle diese differenzierten Forderungen zugleich erfüllt. In jedem Anwendungsfall muss daher ein Kompromiss zwischen den gewünschten Eigenschaften und den metallurgischen und wirtschaftlichen Möglichkeiten gefunden werden.

Für Kontaktelemente gilt, dass Erwärmung und Kontaktverschleiß umso geringer sind, je höher die Masse, die spezifische Wärmekapazität, der Schmelzpunkt, der Siedepunkt, die Verdampfungswärme, und die Lichtbogenmindestspannung sind. Mit geringerer Masse können die Kosten der Kontaktelemente, die auch hochwertige Metalle enthalten, gesenkt werden.

Das in Mikroschaltern als Trägermaterial genutzte Kupfer (bzw. Messing) hat zwar eine sehr gute elektrische und thermische Leitfähigkeit, jedoch bildet sich im Vergleich zu Silber oder Gold eine zumindest teilweise isolierende Oxidschicht vergleichsweise leicht aus. Daher werden Kontaktelemente als Kontaktniete oder Kontaktprofile aus unterschiedlichen Kontaktwerkstoffen ausgeführt, auf die im Nachfolgenden kurz eingegangen wird:

- Feinkornsilber bzw. Silber-Nickel Legierungen und Komposite ist die Gruppe der meistgebrauchten Kontaktwerkstoffe in Mikroschnappschaltern. Legierungen wie AgNi0.15 oder Komposite wie Ag/Ni10 haben eine universelle Verwendbarkeit, gute elektrische und thermische Leitfähigkeit und sind weitgehend oxidationsbeständig. Der größte Vorteil von Feinkornsilber besteht darin, dass sich der durch den Lichtbogen (vgl. Abschn. 4.3) erzeugte Silberdampf als Kondensat auf der Oberfläche des Kontaktes niederschlägt und damit wieder als Kontaktmaterial zur Verfügung steht. Der Nachteil von Feinkornsilber besteht darin, dass es im flüssigen Zustand Sauerstoff aufnimmt, der beim Erstarren unter Explosionserscheinungen gasförmig entweicht. Durch dieses sogenannte Spratzen vergrößert sich der Abbrand. Mit zunehmendem Nickel-Anteil erhöht sich die thermische Belastbarkeit, Härte und der elektrische Widerstand dieser Kontaktelemente.

- Hartsilber (z. B. AgCu$_3$) sind Silberlegierungen mit einem Graphitgehalt im Bereich zwischen 2 und 5 Gew-%. Sie haben einen sehr niedrigen Kontaktwiderstand und eine extrem gute Verschweißresistenz.
- Silber-Zinnoxyde (z. B. Ag/SnO$_2$) mit einem Oxidgehalt von im Bereich zwischen 2 und 14 % zeigen im Vergleich zu Silber-Nickel-Legierungen einen leicht höheren elektrischen Widerstand.
- Gold und Gold-Nickel-Legierungen eignen sich gut aufgrund chemischen Reaktionsträgheit für Kontakte in Kreisen mit kleinen Signalströmen. Gold und Goldlegierungen gehen in Mikroschaltern keine chemischen Reaktionen mit Sauerstoff ein, so dass sie auch korrosions- und witterungsfest sind. Sie neigen jedoch zur Materialwanderung (Spitzen- und Kraterbildung). Aufgrund des im Vergleich zu Silber hohen Preises wird Gold in Kontakten oft in Form von notwendig dünnen Beschichtungen auf Kontaktprofilen angewendet.
- Platin und Platin-Legierungen eignen sich ebenfalls gut, sind wesentlich abbrandfester als Gold, beständig gegen alle chemischen Einflüsse und finden sogar Anwendung bei Schaltern, bei denen die Zuverlässigkeit besonders im Vordergrund steht. So werden solche Schalter in Automobil-Sicherheitssystemen oder Atomkraftwerken eingesetzt. Aufgrund des hohen Materialpreises von Platin, werden sie allerdings nur in Spezialanwendungen von Mikroschaltern eingesetzt.

Alle zugehörigen Verarbeitungsprozesse für elektromechanische Kontaktelemente in Mikroschaltern müssen zudem mechanische und elektrochemische Eigenschaften erfüllen. Zu den mechanischen Eigenschaften, die das Kontaktverhalten entscheidend beeinflussen, zählen Härte, Zugfestigkeit, Dehnung, Elastizitätsmodul sowie die jeweilige Temperaturabhängigkeit. Diese Eigenschaften bestimmen die Widerstandsfähigkeit der Kontakte gegenüber mechanischen Belastungen und deren Fähigkeit, sich auch an wechselnde (Umgebungs-)Temperaturen anzupassen. Die Beschaffenheit der Kontaktoberflächen, z. B. Rauigkeit, ist ebenfalls von großer Bedeutung, da Kontaktelemente gegeneinander auch translatorische Bewegungen vollführen (sogenannter Reinigungseffekt). Bei zu hoher Reibung aufgrund der Rauigkeit käme es zu einer mechanischen Verschleißerhöhung und Änderung der Kontaktelementoberflächen zueinander.

Eine weitere wichtige Rolle, insbesondere hinsichtlich des Übergangswiderstandes, spielen die chemischen Eigenschaften der Kontaktwerkstoffe. Die chemische Affinität der Materialien beeinflusst, wie sie mit der Umgebung reagieren. Neben der Atmosphäre können auch aggressive Medien wie Dämpfe, Gase oder Stäube mit der Kontaktoberfläche reagieren und so zu einer unerwünschten Fremdschichtbildung beitragen. Daher können in Verarbeitungsprozessen Kontaktelemente bzw. metallische Messingträgerelemente über galvanische Prozesse mit Gold- und Silberbeschichtungen geschützt bzw. passiviert werden.

Validierung elektrischer Mikroschalter

5

Um die Reproduzierbarkeit der Schaltfunktion auch bei einer hochvolumigen Nutzung von Mikroschaltern in Produkten abzusichern, ist eine kontinuierliche Qualitätsabsicherung unabdingbar. Diese gliedert sich in regulatorische Vorgaben, technische Entwicklungs- und Stichprobenvalidierungen sowie produktionslinienintegrierte Prüfungen der technischen Eigenschaften. In diesem Kapitel wird eine kurze Zusammenfassung zu den einschlägigsten normativen Vorgaben sowie den zugehörigen Versuchen vorgestellt.

5.1 Definitionen Zulassungen und Zertifikate

Normprüfungen für elektromechanische Schnappschalter sind essenziell, um die Sicherheit, Zuverlässigkeit und Leistungsfähigkeit dieser Komponenten zu gewährleisten. Diese Schalter werden in einer Vielzahl von Anwendungen eingesetzt, von Haushaltsgeräten bis hin zu industriellen Maschinen und Automobilen. Durch standardisierte Prüfungen wird sichergestellt, dass die Schalter den hohen Anforderungen und Belastungen standhalten, denen sie im Betrieb ausgesetzt sind. Ein geprüfter Schalter bietet Produktsicherheit, sodass sich Hersteller von Haushaltsgeräten keine Sorgen machen müssen, dass der Schalter eine Fehlfunktion verursacht, die ein Sicherheitsrisiko für den Nutzer darstellen könnte. Normprüfungen helfen auch dabei, internationale Handelsbarrieren zu überwinden, indem sie sicherstellen, dass Produkte den Anforderungen verschiedener Märkte entsprechen.

Es gibt mehrere wichtige Normen, die die Prüfung und Zertifizierung von elektromechanischen Schnappschaltern regeln.

- Die CCC GB/T 14048.5 ist Teil der chinesischen CCC-Zertifizierung und bezieht sich auf Niederspannungsschaltgeräte und Steuergeräte. Sie legt die Anforderungen an

A. Czechowicz, *Mikroschalter in der Praxis*,
https://doi.org/10.1007/978-3-658-49413-1_5

elektromechanische Steuergeräte fest, einschließlich der allgemeinen Regeln, Klassifikationen, Eigenschaften, Bau- und Leistungsanforderungen sowie Prüfverfahren.

- Die ENEC EN 61058-1 ist eine europäische Norm, die für Schalter in Geräten gilt und allgemeine Anforderungen festlegt. Sie deckt Schalter ab, die elektrische Geräte und andere Ausrüstungen für Haushalts- oder ähnliche Zwecke steuern, mit einer Nennspannung von nicht mehr als 480 V und einem Nennstrom von nicht mehr als 63 A.
- Die CSA C22.2 No. 55 ist eine kanadische Norm, die für manuell und mechanisch betriebene Spezialschalter gilt, die für den Einsatz in Gleichstrom-, Wechselstrom- oder Wechselstrom-/Gleichstromkreisen vorgesehen sind. Sie legt die Anforderungen an Schalter fest, die in Übereinstimmung mit dem kanadischen Elektrischen Code verwendet werden.
- Die UL 61058-1 ist eine US-amerikanische Norm, die für Schalter für Geräte gilt und allgemeine Anforderungen festlegt. Sie deckt Schalter ab, die elektrische Geräte und andere Ausrüstungen für Haushalts- oder ähnliche Zwecke steuern, mit einer Nennspannung von nicht mehr als 480 V und einem Nennstrom von nicht mehr als 63 A.

Alle genannten Normen haben das gemeinsame Ziel, die Sicherheit und Zuverlässigkeit von elektromechanischen Schnappschaltern zu gewährleisten. Sie legen Anforderungen an die Konstruktion, die Leistung und die Prüfverfahren fest, um sicherzustellen, dass die Schalter unter verschiedenen Betriebsbedingungen zuverlässig funktionieren. Zu den gemeinsamen Prüfungen gehören mechanische Prüfungen zur Überprüfung der mechanischen Festigkeit und Haltbarkeit der Schalter, elektrische Prüfungen zur Überprüfung der elektrischen Eigenschaften wie Isolationswiderstand und Durchschlagsfestigkeit sowie Umweltprüfungen zur Überprüfung der Beständigkeit gegen Umwelteinflüsse wie Temperaturwechsel, Feuchtigkeit und Vibration.

Im Zusammenhang mit diesen allgemeinen Prüfungen werden spezifische Tests durchgeführt, um die Leistungsfähigkeit der Schalter unter verschiedenen Bedingungen zu bewerten. Dazu gehören:

- **Temperaturanstiegstests**: Diese Tests messen den Temperaturanstieg der Schalter unter Last, um sicherzustellen, dass sie innerhalb sicherer Grenzen arbeiten.
- **Mechanische Schaltcharakteristik**: Diese Tests bewerten die mechanische Leistung der Schalter, einschließlich der Betätigungskraft und des Schaltwegs.
- **Mechanische und elektrische Lebensdauer**: Diese Tests bestimmen die Lebensdauer der Schalter durch wiederholtes Schalten unter Last, um sicherzustellen, dass sie über die erwartete Lebensdauer hinweg zuverlässig funktionieren.
- **Umwelttests**: Diese Tests bewerten die Beständigkeit der Schalter gegen verschiedene Umwelteinflüsse wie Temperaturwechsel, Feuchtigkeit, Vibration und chemische Einflüsse.

Obwohl die Normen viele Gemeinsamkeiten haben, gibt es auch Unterschiede, die auf die spezifischen Anforderungen der jeweiligen Märkte und Anwendungen zurückzuführen sind. Jede Norm ist auf die spezifischen Anforderungen und Vorschriften des jeweiligen Landes oder der Region zugeschnitten. Zum Beispiel enthält die EN 61058-1 zusätzliche Anforderungen für Schalter, die in tropischen Klimazonen verwendet werden. Die spezifischen Prüfverfahren und -methoden können je nach Norm variieren. Zum Beispiel können die Anforderungen an die elektrische Prüfung in der CSA C22.2 No. 55 anders sein als in der UL 61058-1.

Der Zertifizierungsprozess für elektromechanische Schnappschalter umfasst mehrere Schritte. Zunächst stellt der Hersteller einen Antrag bei der zuständigen Zertifizierungsstelle und reicht die erforderlichen Unterlagen ein. Die Schalter werden gemäß den Anforderungen der jeweiligen Norm von der Zertifizierungsstelle geprüft, was mechanische, elektrische und Umweltprüfungen umfasst. Die Prüfer bewerten die Ergebnisse und stellen sicher, dass die Schalter die Anforderungen der Norm erfüllen. Wenn die Schalter alle Anforderungen erfüllen, wird eine Zertifizierung ausgestellt und der Hersteller erhält ein Zertifikat, das die Konformität mit der jeweiligen Norm bestätigt. Nach der Zertifizierung werden regelmäßige unangekündigte Überwachungsprüfungen durchgeführt werden, um sicherzustellen, dass die Schalter weiterhin den Anforderungen entsprechen.

Durch diesen Prozess wird sichergestellt, dass elektromechanische Schnappschalter sicher und zuverlässig sind und den Anforderungen der jeweiligen Märkte entsprechen.

5.2 Validierung grundlegender technischer Eigenschaften

5.2.1 Validierung der Schaltcharakteristik

Die Validierung der Schaltcharakteristik elektromechanischer Mikroschalter erfolgt in einer geregelten Betätigungsvorrichtung, z. B. ein Zug-Druckprüfgerät mit einstellbaren dynamischen Bewegungsparametern. Der Prüfaufbau ist in Abb. 5.1 gezeigt. Diese Betätigungsvorrichtung besteht aus einer (hier im Beispiel) vertikal aufgebauten elektromotorisch verfahrbaren Traverse, deren Position über einen Motorencoder oder einen Wegaufnehmer erfasst wird. An der Traverse ist ein Betätiger installiert, der aus einem Kraftsensor (vornehmlich für Druckkräfte) und einem Betätigungsbolzen besteht. Unter dieser Anordnung kann der zu prüfende Mikroschalter auf einer Trägervorrichtung eingespannt werden.

Der Mikroschalter wird mit einer Messelektronik so kontaktiert, dass eine Messspannung (U_m) auf zwei separaten Messkanälen für NC- und NO-Terminals erfasst werden kann. Ist der Mikroschalter nicht aktiviert, fließt in der Messkette wie auch auf dem Messport des NC-Terminals nur ein Kurzschlussstrom. In diesem Zustand ist die Messkette des NO-Terminals unterbrochen, sodass der zugehörige Messport annähernd gleich der Messspannung ausschlägt. Ändert sich die Schaltstellung der Schnappmechanismus, ändern sich die Messausschläge der elektrischen Spannungen U_{NC} und U_{NO} im Messchrieb.

In dem Messverstärker werden die gemessenen Spannungssignale mit der Kraftmessung zur Änderung der Position der Traverse synchronisiert. Somit entsteht im Ergeb

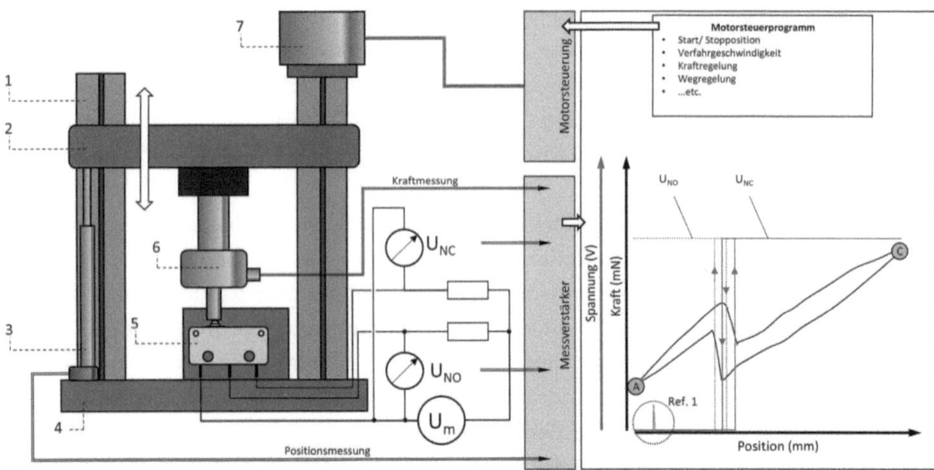

Abb. 5.1 Versuchsstand zur Validierung der Schaltcharakteristik eines elektromechanischen Mikroschalters, 1) lineare Verfahrachse, 2) Traverse, 3) Wegaufnehmer, 4) Grundgestell, 5) zu Prüfender Mikroschalter auf einer Versucheinspannung, 6) Druckkraftsensor mit Betätigungsbolzen, 7) Stellmotor zur Erzeugung der Stellbewegung der Traverse entlang der Linearachse

nis ein Prüfdiagramm (vgl. auch Abb. 3.5) eines Kraftverlaufes zu dem auch die Umschnapp-Punkte des Schnappmechanismus elektrisch und mechanisch beobachtet werden können.

Durch die elektronische Verschaltung ist es zudem möglich eventuelle Kontaktoberflächenartefakte zu beobachten. Damit sind auftretende Verunreinigungen oder Kontaktstörungen zu beobachten die z. B. in einer Lebensdauermessung oder in der Produktnutzung entstanden sind. Diese zeigen sich mit kleinsten Kontaktunterbrechungen vor bzw. während des Abhebens eines Kontaktes, wie in Abb. 5.1 mit der Referenz 1 (Ref. 1) markiert.

5.2.2   Validierung der Staub- und Wasserdichtigkeit

Die Staubdichtigkeitsprüfung nach DIN 40050 für die Schutzklasse IP6X bewertet die Fähigkeit eines Mikroschalters, das Eindringen von Staub vollständig zu verhindern. Diese Prüfung stellt sicher, dass der Mikroschalter unter staubigen Bedingungen funktionsfähig bleibt und keine Staubpartikel in das Gehäuse eindringen. Der Mikroschalter wird in eine Prüfkammer platziert. Alle elektrischen Anschlüsse müssen verschlossen bzw. versiegelt sein, um eine realistische Testumgebung zu gewährleisten. Die Prüfkammer wird mit einem definierten Staubgemisch gefüllt, das typischerweise aus Talkum oder einem ähnlichen feinen Staub besteht. Der Mikroschalter wird in der Prüfkammer einem Unterdruck ausgesetzt, um das Eindringen von Staub zu simulieren. Die Dauer der Prüfung beträgt in der Regel 8 h.

Während der gesamten Testdauer bleibt der Mikroschalter in der Prüfkammer und wird kontinuierlich dem Staub ausgesetzt. Nach Ablauf der Testzeit wird der Mikroschalter aus der Prüfkammer genommen. Danach werden einzelne Schalterproben demontiert und mikroskopisch untersucht. Es darf kein Staub in das Gehäuse des Mikroschalters eingedrungen sein. Eine Untersuchung des Kontaktwiderstandes aller Schaltpole schließt diese Untersuchung ab.

Die Wasserdichtigkeitsprüfung nach DIN 40050 für die Schutzklasse IPX7 bewertet die Fähigkeit eines Mikroschalters, zeitweiliges Untertauchen in Wasser zu widerstehen. Diese Prüfung stellt sicher, dass der Mikroschalter unter den Testbedingungen wasserdicht bleibt und seine Funktionalität außerhalb des Wasserbades nicht beeinträchtigt wird.

Zur Durchführung wird der Mikroschalter in einem Tauchbecken platziert. Alle elektrischen Anschlüsse des Mikroschalters müssen ordnungsgemäß versiegelt sein, wozu entweder spezielle abgedichtete Aufnahmen oder eine Versiegelungsmasse eingesetzt werden kann. Vor der Validierung wird zudem eine optische Untersuchung der dichtenden Elemente des Mikroschalters (wie etwa Dichtungsbalg um einen Stößel) durchgeführt. Der Mikroschalter wird in einem Tauchbecken unter Wasser getaucht, wobei die Tiefe des Wassers über dem höchsten Punkt des Mikroschalters maximal 1 m beträgt. Das Eintauchen erfolgt in Leitungswasser ohne weitere Zusätze bei Raumtemperatur. Die Dauer des Untertauchens beträgt 30 min. Nach Ablauf der Testzeit wird der Mikroschalter aus dem Wasser genommen und getrocknet. Nach der Trocknung wird der Mikroschalter auf seine Funktionalität, beispielsweise in dem Versuch nach Abschn. 5.2.1, überprüft. Es darf kein Wasser so weit in das Gehäuse des Mikroschalters eingedrungen sein, dass Grundfunktionen des Schalters beschädigt werden.

Im einem zweiten Prüfschritt kann der Mikroschalter mit einem Überdruck von 0,2 bar getestet werden. Dieser Versuch findet in einer Druckkammer, die teilweise mit Leitungswasser gefüllt ist, statt. Der Mikroschalter wird eingetaucht und die Dauer der Prüfung beträgt 1 min. Während dieser Zeit darf maximal eine Blase, als Indiz für verdrängte Luft aufsteigen. Nach der Prüfung muss die Funktion des Mikroschalters gewährleistet sein.

5.2.3   Validierung der thermischen und chemischen Beständigkeit

Mikroschalter enthalten bewegliche Mechaniken sowie Kunststoff- und Metallkomponenten, die durch extreme Temperaturschwankungen und schnelle Temperaturwechsel beeinträchtigt werden können. Temperaturwechsel können beispielsweise dazu führen, dass Kunststoffkomponenten spröde werden und sich darin Risse bilden, was die mechanische Integrität des Schalters beeinträchtigt. Ein Beispiel hierfür ist das Versagen von Kunststoffgehäusen bei wiederholtem Einfrieren und Auftauen. Metallkomponenten können durch Temperaturwechsel ebenfalls beeinträchtigt werden, da sie zu thermischer Ausdehnung und Kontraktion führen, was in einer mechanischen Lockerung gesteckter Komponenten in Kunststoffelementen führen kann. Daher wird die Reaktion elektromechanischer Schalter auf externe Temperaturfelder in der Schaltervalidierung beobachtet. Zudem wird auch die chemische Beständigkeit gegenüber Chemikalien, die insbesondere mit Kunststoffen und Metallen reagieren können, untersucht.

Die Prüfung der Temperaturwechseltests nach DIN 60068-2-14 bewertet die Fähigkeit eines Mikroschalters, extremen Temperaturschwankungen standzuhalten. Der Versuchsaufbau umfasst eine Temperaturwechselkammer, in der der Mikroschalter platziert wird. Die Kammer ist so programmiert, dass sie die Temperatur in den vorgegebenen Intervallen ändert. Während der Durchführung wird der Mikroschalter kontinuierlich überwacht, um sicherzustellen, dass er den Temperaturwechseln standhält und ordnungsgemäß funktioniert. Gemäß DIN EN 60068-2-14 ist eine Schaltung pro 2 h durchzuführen, mit einem Zyklus von 30×8 h im Temperaturbereich von $- 40\,°C$ bis $+ 85\,°C$ (z. B. für Automobilanwendungen).

Für die Temperaturschocktests nach ISO 16750-4 wird die Fähigkeit des Mikroschalters getestet, schnellen und extremen Temperaturwechseln standzuhalten. Der Versuchsaufbau beinhaltet eine geteilte Klimakammer, die schnelle Temperaturwechsel ermöglicht. Der Mikroschalter wird in der Kammer platziert zwischen den Temperaturräumen schnell versetzt. Während der Durchführung wird der Mikroschalter auf Anzeichen von Schäden oder Funktionsstörungen überprüft, um sicherzustellen, dass er den Temperaturschocktests standhält. Der Testzyklus umfasst 100×60 min im Temperaturbereich von $- 40\,°C$ bis $+ 85\,°C$. Ein Zyklus besteht aus einer Haltezeit bei T_O von 30 min, einer Haltezeit bei T_U von 30 min und einer Umlagerungszeit von 10 s.

Die Prüfung der chemischen Beständigkeit nach ISO 16750 bewertet die Fähigkeit eines Mikroschalters, verschiedenen Chemikalien zu widerstehen, die im Betrieb auftreten können. Diese Prüfung stellt sicher, dass der Mikroschalter unter chemischen Einflüssen funktionsfähig bleibt und keine Schäden erleidet. Hierzu werden Chemikalien auf die Oberflächen des Mikroschalters aufgebracht und anschließend für 24 h bei Raumtemperatur (TA) gelagert. Nach der Lagerung wird der Mikroschalter auf seine mechanischen und elektrischen Schaltwerte überprüft. Die Funktion des Mikroschalters muss nach der Prüfung gewährleistet sein. Je nach Anwendungsart können unterschiedliche chemische Resistenzen geprüft werden. In Automobilanwendungen werden unter anderem Kühlerfrostschutzmittel oder Dieselkraftstoff nach DIN EN 590 aufgetragen. Bei Industrieapplikationen stehen oft chemische Verträglichkeiten gegenüber Schmier- oder Reinigungsmitteln, etwa Spiritus, im Vordergrund.

5.2.4 Validierung der Vibrationsfestigkeit

Mikroschalter enthalten bewegliche Mechaniken aus Kunststoff- und Metallkomponenten, die durch mechanische Belastungen beeinträchtigt werden können. Unter Vibrationen ist es möglich, dass die federvorgespannten Mechanismen schwingend angeregt werden und sich von den jeweiligen Sollposition bewegen. Dadurch können elektrische Verbindungen während einer mechanischen Schwingung unterbrochen werden. Ein Beispiel hierfür ist das Abheben eines beweglichen Kontaktes von einem NC-Terminal oder auch ein fortschreitendes Lösen von Steck- und Setzverbindungen von Terminals bei kontinuierlicher Vibration. Mechanische Schocks können plötzliche und intensive Belastungen verursachen, die dazu führen können, dass sich Gehäuse lösen oder geklebte Stellen versagen. Ein Beispiel ist das Lösen eines Gehäuses durch einen hohen Impuls bei einem mechanischen Schock.

Die Prüfung der schwingenden Vibrationstests nach DIN EN 60068-2-6 bewertet die Fähigkeit eines Mikroschalters, sinusförmigen Vibrationen standzuhalten. Der Versuchsaufbau umfasst eine Vibrationsprüfanlage, in denen Mikroschalter nacheinander in allen drei Raumebenen geprüft werden. Die Schwingform ist sinusförmig, der Frequenzbereich liegt zwischen 10 Hz und 300 Hz. Die Frequenzänderung erfolgt mit einer Oktave pro Minute. Die Testzeit pro Raumachse beträgt 8 h. Der Schalter ist während der Prüfung nicht betätigt. Ein Zähler mit einer Impulszeit von 1 ms wird zur ständigen Überwachung auf Fehlfunktionen eingesetzt. Während der Durchführung wird der Mikroschalter kontinuierlich überwacht, um sicherzustellen, dass er den Vibrationen standhält und ordnungsgemäß funktioniert. Somit wird überprüft, dass die Vibration kein ungewolltes Umschnappen der Mechanik verursacht.

5.2.5 Validierung des Temperaturanstiegs

Die Prüfung des Temperaturanstiegs von Mikroschaltern nach ENEC 61058 ist entscheidend, um die Sicherheit und Zuverlässigkeit der Schalter unter Betriebsbedingungen zu gewährleisten. Diese Prüfung stellt sicher, dass die Schalter bei Belastung nicht übermäßig erhitzen und somit keine Gefahr, z. B. als Brandstelle oder Funktionsschädigung eines gesamten Produktes durch geschmolzene Schalterkomponenten, für die Umgebung darstellen. Der Versuchsaufbau umfasst eine Prüfkammer, in der der Mikroschalter unter definierten konstanten Bedingungen betrieben wird. Üblicherweise wird der Versuch im Anschluss an eine bestandene elektrische Lebensdauermessung (vgl. Abschn. 5.3) durchgeführt. Der Mikroschalter wird in seiner normalen Betriebsposition montiert und an eine elektrische Last angeschlossen, die den maximalen Nennstrom des Schalters simuliert. Während der Durchführung wird die Temperatur an den elektrischen Terminals des Schalters kontinuierlich überwacht, um sicherzustellen, dass die Temperaturgrenzwerte nicht überschritten werden.

Gemäß ENEC 61058 wird der Mikroschalter für eine festgelegte Dauer unter Last betrieben, wobei die Temperatur an den kritischen Stellen des Schalters gemessen wird. Die Prüfung wird so lange fortgesetzt, bis ein stabiler Temperaturanstieg erreicht ist. Die maximal zulässige Temperatur darf dabei die in der Norm festgelegten Grenzwerte nicht überschreiten. Die Grenzwerte für den Temperaturanstieg sind in der Norm ENEC 61058 festgelegt. Für Kunststoffteile beträgt der maximal zulässige Temperaturanstieg 75 °C über der Umgebungstemperatur, während für Metallteile ein maximaler Temperaturanstieg von 55 °C über der Umgebungstemperatur zulässig ist.

Nach Abschluss der Prüfung wird der Mikroschalter auf Anzeichen von Überhitzung oder Schäden überprüft, um sicherzustellen, dass er den Anforderungen entspricht.

5.3   Elektrische und mechanische Lebensdauer

Lebensdauermessungen von Mikroschnappschaltern werden durchgeführt um die Zuverlässigkeit und Langlebigkeit der Schalter, ihrer Subkomponenten aber auch der zugehörigen Applikationskomponenten (z. B. Betätiger, Kunststoffträger...etc.) unter realen Betriebsbedingungen zu validieren. Diese Messungen helfen, die Funktionsfähigkeit der Schalter über einen definierten Zeitraum zu bestätigen und mögliche Ausfallursachen (frühzeitig) zu identifizieren. Im folgenden Fokus werden die zyklischen Lebensdauern, nach den Definitionen der elektrischen und mechanischen Lebensdauer (vgl. Abschn. 3.5.3), vorgestellt.

Der Versuchsaufbau für elektrische Lebensdauertests umfasst mehrere antreibende und sensorische Komponenten die in Abb. 5.2 (links) aufgeführt sind. Der Mikroschalter wird über einen elektrisch gesteuerten Betätiger (z. B. Pneumatikzylinder oder linearen Schrittmotor) betätigt und befindet sich in einer Klimakammer mit programmierten Temperaturprofilen. Der Betätigungsweg wird über einen Positionssensor überwacht, und der Schalter wird je nach Anwendungsfall direkt oder über eine Anfahrtsschräge aktiviert. Je nach Branchenanforderung, bzw. Anwendervorgaben werden die Betätigungen bei unterschiedlichen Temperaturen während einer Messung durchgeführt. Beispielsweise können die Temperaturverläufe im Bereich zwischen − 40 °C und + 85 °C vorgegeben werden.

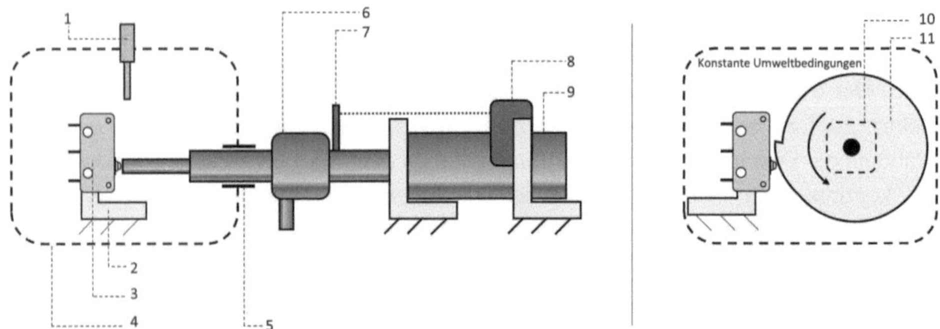

Abb. 5.2 (links) prinzipieller Versuchsaufbau zur Messung der elektrischen Lebensdauer eines Mikroschalters, 1) Temperatursensor, 2) Haltevorrichtung für Mikroschalter, 3) zu prüfender Mikroschalter, 4) programmierbare Klimakammer, 5) temperaturfeste Gleitlagerstelle, 6) Kraftsensor, 7) Referenzstelle für Wegaufnehmer, 8) Wegaufnehmer – hier ausgeführt als Laser-Distanzsensor, 9) linearer Stellantrieb (z. B. Pneumatikzylinder oder Linearer-Schrittmotor); (rechts) prinzipieller Versuchsaufbau zur mechanischen Lebensdauermessung von Mikroschaltern, 10) Rotationsmotor, 11) Nockenscheiber zur Betätigung des Mikroschalters

In der Versuchspraxis werden mehrere Schalter parallel getestet, was eine hohe Datenverarbeitungsrate der genutzten Messverstärker sowie eine integrierte Datenaufbereitung bzw. Auswertung voraussetzt.

Die Messschaltung ist so aufgebaut, dass ein Spannungsabfall am Schaltkontakt, bedingt durch den Übergangswiderstand, während eines jeden Schaltzykluses über die zu prüfende Anzahl von Schaltzyklen (erwartete Lebensdauer) aufgezeichnet wird. Würde der Spanungsabfall einen kritischen Wert überschreiten, würde die Versuchsprobe die Validierung nicht bestehen.

Der Versuch findet unter einer elektrischen Nennlast statt, die sich aus resistiven und induktiven Lasten zusammensetzen kann. Bei induktiven Lasten kann es durch die Entladung der Induktivität zu resultierenden höheren elektrothermischen Belastungen kommen, die sich auf die Schaltkontaktstelle auswirken.

Im Abb. 5.3 ist das Ergebnis einer elektrischen Lebensdauermessung eines Subminiatur-Schnappschalters der Baureihe L16 gezeigt. Im Neuzustand beträgt sein Übergangswiderstand < 100 mΩ. Während der Nutzung kann der Widerstand durch die in Kap. 3 vorgestellten Abnutzungsmechanismen bis auf einen zulässigen Wert von 1 Ω ansteigen. In dem Testergebnis ist zu erkennen, dass während der Betätigung ein Spannungsabfall von weniger als 0,0025 V gemessen wurde (schwarze Linie). Bei einem konstant geregelten Messstrom von 10 mA der in diesem Versuch durch den Schalter geleitet wurde, ergibt sich ein maximaler gemessener Übergangswiderstand am gemessenen NC-Kontakt von 250 mΩ.

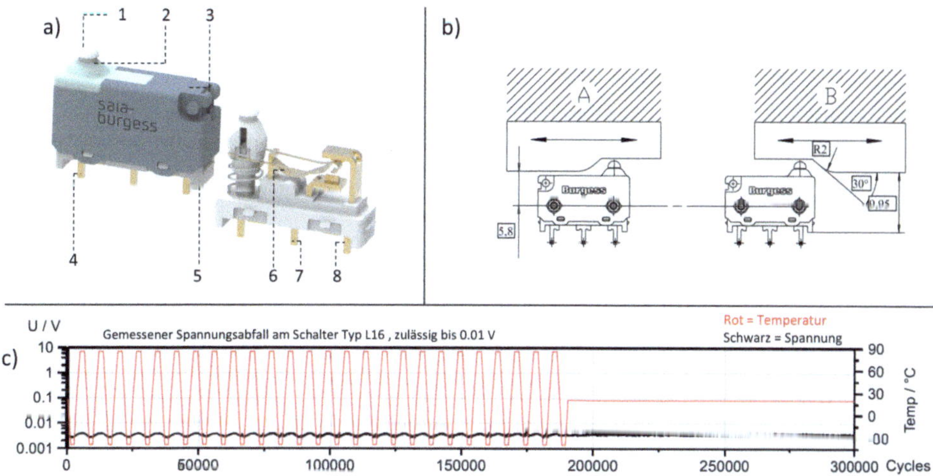

Abb. 5.3 Beispiel einer Lebensdauermessung eines Ultraminiatur-Schnappschalters für Automobilanwendungen (L16); (**a**) Aufbau des Schalters, 1) Stößel, 2) mit dem Gehäusedeckel stoffschlüssig verbundenes Dichtungselastomer, 3) Gehäusedeckel, 4) COM-Terminal mit Schneidenlager für „6", 5) Druckfeder, 6) Federelastischer beweglicher Kontakt, 7) NO-Terminal mit Schaltkontaktprofilelement, 8) NC-Terminal mit Schaltkontaktprofilelement; (**b**) Installationsvorgaben zur Lebensdauerprüfbetätigung des L16 Mikroschalters bei Betätigung mit einer Anfahrtsschräge, (**c**) Ergebnis der Lebensdauermessung mit variierenden Umgebungstemperaturen im Bereich $-$ 40 °C bis $+$ 85 °C und max. 300.000 Schaltzyklen

Da in dem vorgestellten Versuch über die Lebensdauer von 300.000 Zyklen ein maximalzulässiger Widerstand von 1000 mΩ auftreten kann, ist die Validierung positiv abgeschlossen worden. In dem Testergebnis ist auch die Umgebungstemperatur während des Versuchs (rote Linie) im Bereich zwischen −40 °C bis +85 °C aufgeführt.

Die mechanische Lebensdauermessung wird separat durchgeführt, da sie sich auf die Anzahl der möglichen Schaltspiele ohne elektrische Belastung konzentriert. Diese Messung ist hauptsächlich von der mechanischen Ausführung des Schalters abhängig, wie der Schaltfeder und der Führung des Stößels im Gehäuse. Mechanische Lebensdauertests sind schneller durchführbar und ermöglichen höhere Zykluszahlen, da keine elektrische Signalauswertung erforderlich ist. Die mechanische Lebensdauermessung erfolgt bei konstanten klimatischen Bedingungen (z. B. 21 °C). Hierbei wird die Schaltcharakteristik nach Abschn. 5.2.1 vor und nach dem Versuch verglichen, um Veränderungen zu erkennen, die bei der mechanischen Zyklierung ggf. entstanden sind.

Die Reproduzierbarkeit des Schaltweges innerhalb der Schalterlebensdauer wird als Schaltgenauigkeit bezeichnet. Ein Schnappschalter gilt so lange als funktionstüchtig, solange sich die Schaltwege in den Toleranzen bewegen. Die Präzision einer Steuerung hängt von der Reproduzierbarkeit des Schaltweges ab, insbesondere wenn der Schalter durch flache Nocken mit langsamer Geschwindigkeit angefahren wird. Die Schaltgenauigkeit nimmt in der Regel mit zunehmender Schaltzahl ab, was auf verschiedene Einflussgrößen zurückzuführen ist.

5.4 Produktionsbegleitende Validierungen

Die Massenfertigung von Mikroschnappschaltern erfolgt in hochmodernen, voll automatisierten Produktionsanlagen, die auf schnelle Taktzeiten und präzise Montageprozesse ausgelegt sind. Diese Anlagen nutzen Rundtische und Linearservoeinheiten, um eine effiziente und genaue Montage der Mikroschnappschalter zu gewährleisten. Die hohe Geschwindigkeit und Präzision dieser Systeme ermöglichen es, große Stückzahlen in kurzer Zeit zu produzieren, ohne dabei die Qualität zu beeinträchtigen.

Ein wesentlicher Bestandteil der Qualitätskontrolle in diesen Systemen ist der Einsatz spezieller Prüfmethoden wie der Automatischen Optischen Inspektion (AOI). Diese Technologie wird verwendet, um die Dimensionen der Komponenten und deren korrekte Montage zu überwachen. AOI-Systeme erfassen hochauflösende Bilder der Bauteile und analysieren diese in Echtzeit, um sicherzustellen, dass alle Teile den vorgegebenen Spezifikationen entsprechen und korrekt zusammengebaut sind. Die AOI kann dabei sowohl geometrische Maße als auch Oberflächenbeschaffenheiten prüfen und so eine umfassende Qualitätskontrolle schon während der Produktion gewährleisten. Vollautomatisierte Mikroschalterproduktionen beinhalten eine integrierte Überprüfung der Zwischenmontageschritte montierter Terminals und beweglicher Kontakte, sodass ein Kontaktsystem während der Produktion beurteilt werden kann.

Die Montage der Schnappschaltermechanik und der zugehörigen Komponenten wird durch Kraft-Weg-Messungen überwacht. Diese Messungen dienen als Indikator für die korrekte Montage und werden parallel zur optischen Analyse durchgeführt. Dabei wird der Kraftaufwand gemessen, der erforderlich ist, um den Schalter zu betätigen, sowie der zurückgelegte Weg. Diese Daten ermöglichen es, Abweichungen in der Montage frühzeitig zu erkennen und zu korrigieren. Die Kraft-Weg-Messungen sind besonders wichtig, da sie sicherstellen, dass die mechanischen Eigenschaften des Schalters, wie Betätigungskraft und Rückstellkraft, innerhalb der spezifizierten Toleranzen liegen.

Neben der mechanischen Überprüfung spielen auch die elektrischen Kennwerte eine entscheidende Rolle in der Qualitätskontrolle. Hierzu gehören der Übergangswiderstand des Schalters und die Schaltcharakteristik über den gesamten Schaltweg. Diese Parameter werden in-line getestet, um sicherzustellen, dass jeder Schalter auch eine schnelle Umschaltzeit von weniger als 20 ms bietet. Der Übergangswiderstand wird gemessen, um sicherzustellen, dass der Kontaktwiderstand im geschlossenen Zustand des Schalters niedrig genug ist, um eine zuverlässige elektrische Verbindung zu gewährleisten. Die Schaltcharakteristik wird analysiert, um sicherzustellen, dass der Schalter bei den spezifizierten Betätigungskräften und -wegen zuverlässig schaltet.

Zur Überwachung der Fertigung gehören auch regelmäßige Stichproben an Qualitäts- und Lebensdauertests.

Auswahlmethodik für elektrische Mikroschalter

6

Die Auswahl eines geeigneten Mikroschalters für eine spezifische Anwendung erfordert eine systematische Methodik, die verschiedene Kriterien und Schritte berücksichtigt. In diesem Kapitel sind die wesentlichen Schritte der Auswahlmethodik für elektrische Mikroschalter basierend auf den nachfolgenden Darstellungen des Auswahlprozesses (Abb. 6.1, 6.2, 6.3, 6.4 und 6.5) illustriert.

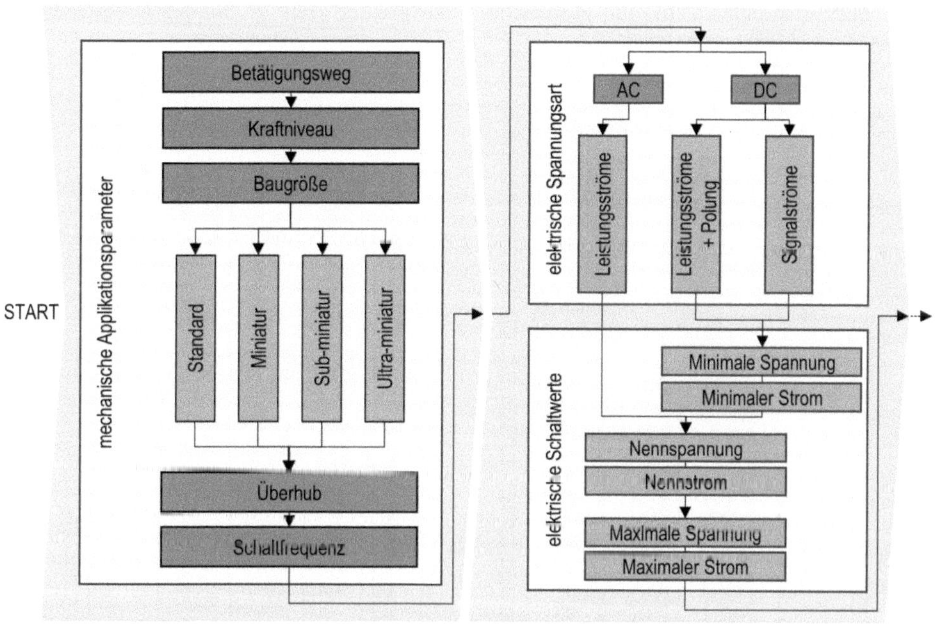

Abb. 6.1 Auswahlmethodik für elektrische Mikroschalter, Teil 1: mechanische und elektrische Applikationsparameter

A. Czechowicz, *Mikroschalter in der Praxis*,
https://doi.org/10.1007/978-3-658-49413-1_6

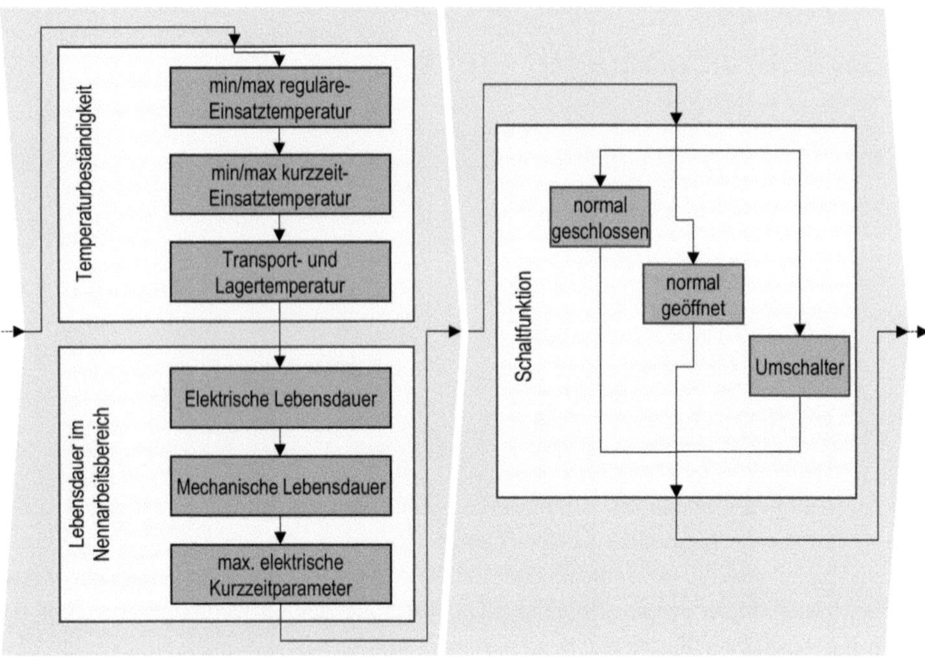

Abb. 6.2 Auswahlmethodik für elektrische Mikroschalter, Teil 2: Temperaturbeständigkeit, Lebensdauer und Schaltfunktion

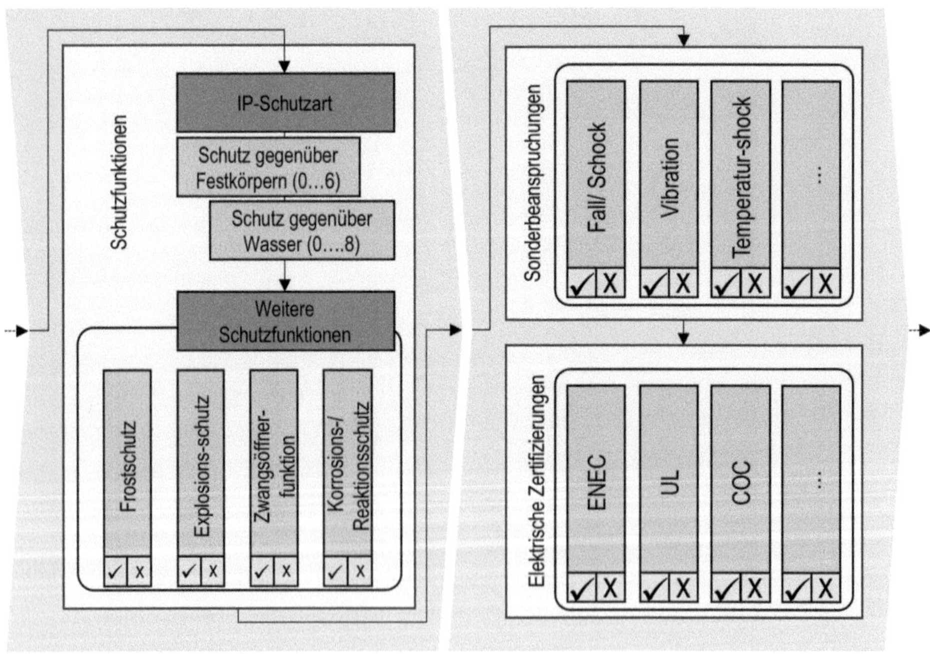

Abb. 6.3 Auswahlmethodik für elektrische Mikroschalter, Teil 3: Schutzfunktionen, Sonderbeanspruchungen und Zertifizierungen

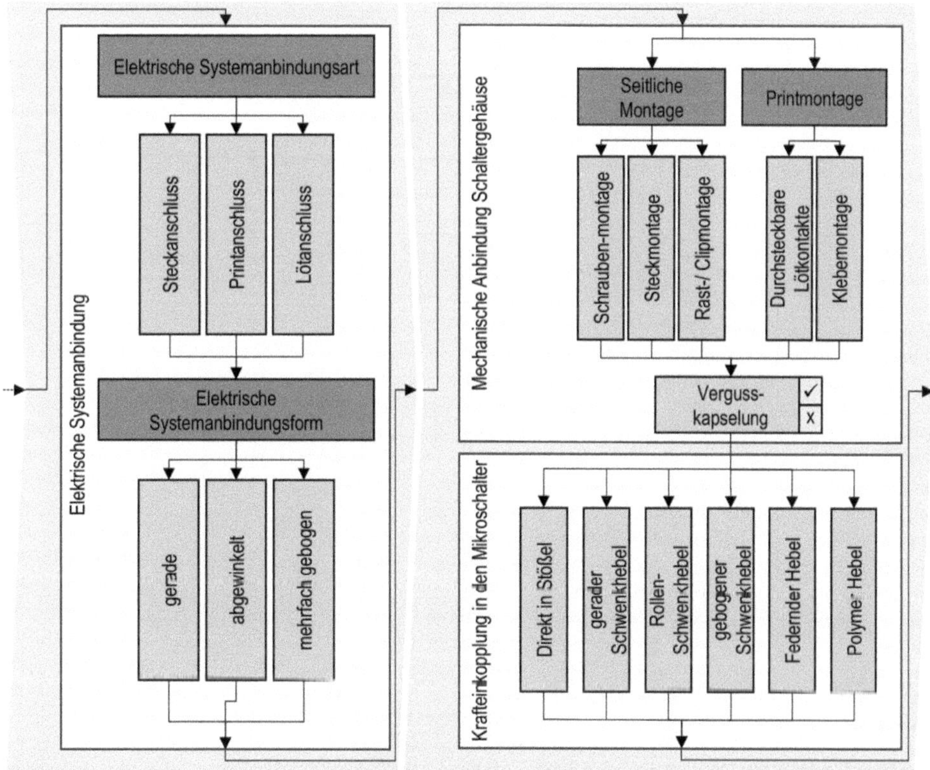

Abb. 6.4 Auswahlmethodik für elektrische Mikroschalter, Teil 4: Elektrische und mechanische Systemintegration

6.1   Mechanische Applikationsparameter

Die mechanischen Applikationsparameter sind entscheidend für die Auswahl des richtigen Mikroschalters. Diese Parameter umfassen den Betätigungsweg, also den Weg, den der Schalter zurücklegt, bevor er schaltet. Das Kraftniveau beschreibt die Kraft, die erforderlich ist, um den Schalter zu betätigen. In vielen Applikationen ist allerdings der Betätigungsweg dem Kraftniveau übergeordnet, da die zu überwachende Bewegung mit einer wesentlich höheren Kraft verfährt, als für die Schalterbetätigung notwendig wäre. Daher kann in vielen Anwendungsfällen das Kraftniveau zur Schalterbetätigung vernachlässigt werden. Die Baugröße des Schalters kann in Standard, Miniatur, Sub-Miniatur und Ultra-Miniatur unterteilt werden, wobei die Detaildimensionen technischen Zeichnungen der Hersteller entnommen werden müssen. Insbesondere sind die Maße der etwaigen Installationsbolzen bzw. der Montagedurchgangslöcher weitgehend nicht standardisiert.

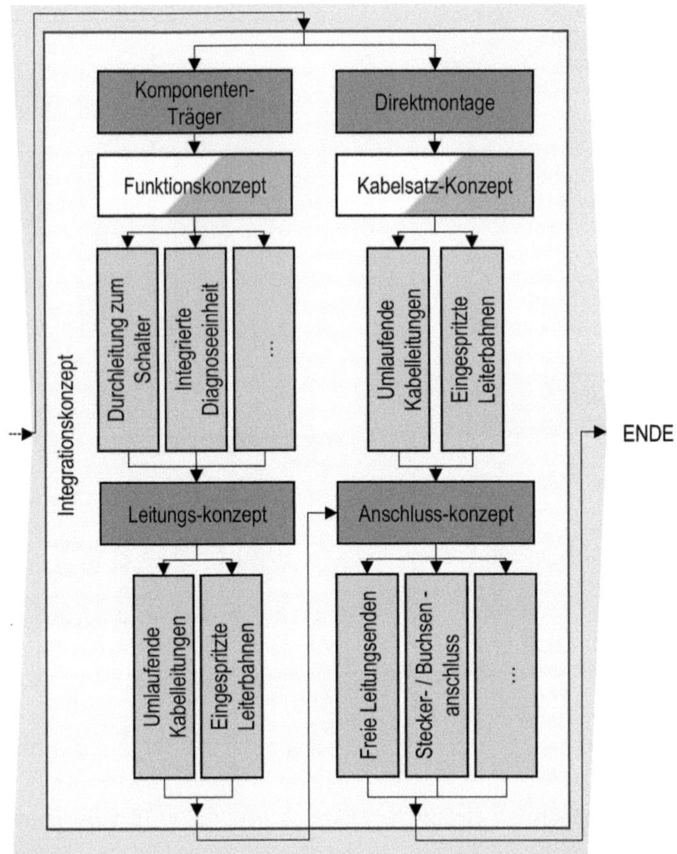

Abb. 6.5 Auswahlmethodik für elektrische Mikroschalter, Teil 5: Integrationskonzept

In beweglichen Anwendungen, die von einem Antriebselement bewegt werden, ergeben sich Toleranzen des Antriebsweges eines Mikroschalters. Hinsichtlich der korrekten Schaltposition in der Anwendung ist es möglich den Schaltpunkt und den Überhub der jeweiligen Anwendung anzupassen. Der Überhub ist der zusätzliche Weg, um den der Schalter nach Erreichen der Schaltposition weiter betätigt werden kann, ohne geschädigt zu werden. Ist der Überhub groß (z. B. im Bereich 1 bis 2 mm) muss der Anwender bei der Entwicklung einer Antriebsmechanik keine besondere Toleranzkompensation berücksichtigen.

Zu den mechanischen Applikationsparametern gehört auch die Schaltfrequenz. Sie gibt die Häufigkeit an, mit der der Schalter betätigt wird. Hohe Betätigungsfrequenzen können eine schnelle mechanische Abnutzung der mechanischen Lager- und Federkomponenten zur Folge haben, was in Setzungserscheinungen der Komponenten, Abriebentstehung im Schalterinneren und reibwärmebedingten irreversiblen Verformungen von Kunststoffkomponenten resultieren kann.

6.2 Elektrische Schaltwerte

Im nächsten Schritt werden die elektrischen Schaltwerte ausgewählt. Diese umfassen die minimale Spannung und den minimalen Strom, also die niedrigsten Werte, bei denen der Schalter zuverlässig funktioniert, sofern es sich um Signalschalter handeln soll. Dies bedingt sich durch die geringe Leistung der Signale, sodass mit den Widerstandswerten eines Schalters bzw. möglichen auftretenden Störeffekten über die Lebensdauer, bestimmt werden kann ob die Signalströme dauerhaft zuverlässig durchgeleitet werden. Bei Leistungsströmen hingegen sind die höchst-auftretenden Werte von übergeordnetem Interesse. Die maximale Spannung und der maximale Strom sind die höchsten Werte, die der Schalter sicher handhaben kann. Es ist wichtig, zwischen Wechsel- und Gleichstrom zu unterscheiden, also der Art der elektrischen Spannung, die der Schalter schalten muss. Bei Gleichstromanwendungen ist zu beachten, dass je nach Anwendung eine Polungsabhängigkeit bestehen kann. Nennspannungen bzw. Nennströme beschreiben die in der Regel durch den Schalter umgesetzten elektrischen Kennwerte. Je nach Validierungsart empfiehlt es sich, prozentuelle Angaben der Nenn-, Minimal- und Maximalparameter korrespondierend zur gesamten Lebensdauer an Schaltzyklen zu bestimmen.

6.3 Temperaturbeständigkeit

Die Temperaturbeständigkeit (vgl. Abb. 6.2, linker Bildteil) des Mikroschalters ist ein weiterer wichtiger Faktor der sowohl mit seiner Anwendung, den elektrischen Kennwerten aber auch mit der zugehörigen Logistik korrespondiert. Dies umfasst die minimale und maximale reguläre Einsatztemperatur, also die Temperaturbereiche, in denen der Schalter unter normalen Betriebsbedingungen zuverlässig funktioniert. Die minimale und maximale kurzzeitige Einsatztemperatur beschreibt die Temperaturbereiche, in denen der Schalter für kurze Zeiträume zuverlässig funktioniert, unter anderem in Anwendungen im Fahrzeugmotorraum. Die Transport- und Lagertemperatur gibt die Temperaturbereiche an, in denen der Schalter während des Transports und der Lagerung sicher bleibt. Alle thermischen Betrachtungen sind mit funktionalen als auch passiven Mikroschaltereigenschaften verbunden. Wird ein Leistungsschalter unter typischen Bedingungen bei einer hohen Umgebungstemperatur eingesetzt, erhöht sich die absolute Temperatur des Schalters im leitenden elektrischen Zustand entsprechend. Unter passiven Einflüssen muss sichergestellt sein, dass eine Lagerungstemperatur kein Erweichen der Kunststoffkomponente des Gehäuses bewirkt.

6.4   Lebensdauer im Nennarbeitsbereich

Die Lebensdauer des Mikroschalters im Nennarbeitsbereich (vgl. Abschn. 3.5.3 und 4.2) ist entscheidend für die Zuverlässigkeit des Schalters. Üblicherweise ist zunächst die elektrische Lebensdauer, also die Anzahl der im Betrieb zu gewährleistenden Schaltzyklen, festzulegen. Allerdings kann auch eine mechanische Lebensdauer von der elektrischen Lebensdauer abweichen. Beispielsweise kann eine Schlossmechanik, die von einem Mikroschalter überwacht wird, auch ohne ein elektrisches Signal zu leiten betätigt werden. Daher ist auch eine Anzahl der möglichen mechanischen Betätigungen abzuschätzen. Im Falle auftretender extremer Einsatzbedingungen, z. B. stark erhöhter Temperaturen oder Schaltlasten, ist separat die Anzahl der Schaltzyklen einzugrenzen, um eine ggf. kostspielige Überdimensionierung eines geeigneten Mikroschalters zu vermeiden.

6.5   Schaltfunktion

Die Schaltfunktion (Abb. 6.2, rechter Bildteil) beschreibt, wie der Schalter arbeitet. Dieses kann normal geschlossen, normal geöffnet oder als Umschalter konfiguriert, sein. Die Wahl der Schaltfunktion hängt von den spezifischen Anforderungen der Anwendung ab. Ein normal geschlossener Schalter bleibt in der geschlossenen Position, bis er betätigt wird, während ein normal geöffneter Schalter in der offenen Position bleibt, bis er betätigt wird. Ein Umschalter kann zwischen zwei oder mehr Positionen wechseln. Es ist wichtig, die spezifischen Betriebsanforderungen der Anwendung zu berücksichtigen, um die geeignete Schaltfunktion auszuwählen. Darüber hinaus sollten die Schaltcharakteristik und die Reaktionszeit des Schalters berücksichtigt werden, um sicherzustellen, dass er die Anforderungen der Anwendung erfüllt.

6.6   Schutzfunktionen

Schutzfunktionen sind Ausstattungsoptionen von Mikroschaltern, die den Zweck haben eine dauerhafte zuverlässige Schaltung über die Produktlebensdauer sicher zu stellen. Diese umfassen die IP-Schutzart, die den Schutz gegenüber Wasser (0 … 8) und Festkörpern (0 … 6) beschreibt (siehe auch Abschn. 3.5.4). Zu beachten ist die geeignete Auswahl nach Abb. 6.3 (linker Bildteil) aber auch die geeignete Integration eines Schalters. Beispielsweise kann in Anwendungen ein gedichteter Schalter eingesetzt werden, jedoch können auch kostenneutrale Lösungen in Form einer Installation so gefunden werden, dass ein Eindringen von Feuchtigkeit ausgeschlossen werden kann. Weiterhin ist die genaue IP-Schutzartdefinition zu beachten, da viele Mikroschalter keine Dichtigkeit bei Betätigung unter einer Wassersäule bieten. Konstruktionsseitig sollte daher eine Anstauung von Staub und Flüssigkeit auch um einen gedichteten Mikroschalter herum vermieden werden.

Weitere Schutzfunktionen fokussieren Witterungseffekte. Der Frostschutz bietet Schutz vor niedrigen Temperaturen, indem eine spezielle Hebelmechanik so gewählt wird, dass auch bei zugefrorenen Schalterelementen Schalterkomponenten nicht überbeansprucht werden. Dabei wird ein federner Schalterhebel als Betätiger appliziert, der bei erhöhter Betätigungskraft und zugefrorener Schaltermechanik (oft im Bereich unter $-40\ °C$) die Betätigungskraft in seiner Biegung aufnimmt und nicht an den Schalterstößel weiterleitet.

Der Explosionsschutz ist wichtig in explosionsgefährdeten Umgebungen und kann über eine gasdichte Einhausung erreicht werden.

Die Zwangsöffnerfunktion (vgl. Abschn. 3.2) ist eine Sicherheitsfunktion, die sicherstellt, dass der Schalter in einer bestimmten Position bleibt.

Der Korrosions- und Reaktionsschutz wird über galvanische Veredelungsprozesse oder Oberflächenpassivierung hauptsächlich von metallischen Komponenten erreicht. Auch hier ist ein Abgleich mit den tatsächlichen Anwendungskriterien sinnvoll, um eine kostspielige Überdimensionierung zu vermeiden. Wird zum Beispiel ein Schalter in eine gedichtete, bzw. trockene Umgebung eingebaut, kann auf einen entsprechenden Korrosionsschutz verzichtet werden. Allerdings kann in der Lagerung eine natürliche Oxidation von Kontakten erfolgen, was insbesondere bei Signalschaltern den Widerstand der Mikroschalter abändern kann.

6.7 Sonderbeanspruchungen

Sonderbeanspruchungen umfassen spezifische Tests und Zertifizierungen, die sicherstellen, dass der Schalter unter besonderen Bedingungen zuverlässig funktioniert. Diese Beanspruchungen nach Abb. 6.3 (rechts) umfassen den Temperaturschock, der die Beständigkeit des Schalters gegen plötzliche Temperaturänderungen bewertet. Fall- und Schocktests bewerten die Robustheit des Schalters gegen mechanische Stöße und Vibrationen. Vibrationstests bewerten die Beständigkeit des Schalters gegen kontinuierliche Vibrationen. Diese Tests werden insbesondere für Anwendungen in der Automobilindustrie gefordert. Auch hier wird empfohlen die Integration des Schalters an dieser Stelle zu prüfen, da durch moderne Auslegungsmethoden mit Schwingungsanalysen die Orientierung des Schalters zu den Schwingungsachsen optimiert werden kann. Generell sollten die Bewegungsachse der beweglichen Schalterkomponenten normal zu der primären Schwingungsachse der Anwendung ausgerichtet werden. Diese Tests stellen sicher, dass der Schalter unter extremen Bedingungen zuverlässig funktioniert..

6.8 Elektrische Zertifizierungen

Elektrische Zertifizierungen (wie in Kap. 5 kurz vorgestellt) sind entscheidend, um sicherzustellen, dass der Schalter den internationalen Normen und Vorschriften entspricht. Diese Zertifizierungen stellen sicher, dass der Schalter den internationalen Sicherheits- und

Leistungsstandards entspricht. Zusätzlich sollten die Anforderungen an die Zertifizierung in den spezifischen Märkten, in denen der Schalter verwendet wird, berücksichtigt werden, um sicherzustellen, dass er den lokalen Vorschriften entspricht.

6.9 Elektrische Systemanbindung

Die Art und Weise, wie der Schalter in das elektrische System integriert wird, ist ebenfalls wichtig. Dies umfasst verschiedene Anschlussarten wie Steckanschluss, Printanschluss und Lötanschluss sowie die dazugehörige Form (vgl. Abb. 6.4, links). Die Anschlussformen können gerade, abgewinkelt oder mehrfach gebogen sein. Hier können keine generellen Empfehlungen gegeben werden, da diese Parameter stark von der Anwendungskonstruktion sowie der Baugröße der Schalter abhängen. Allerdings zeigt sich der Trend zu Steckanschlüssen mit normierten Steckersystemen auch im Bereich der Mikroschnappschalter. So sind auch Sub-Miniaturschalter verfügbar, die über integrierte Stecker- bzw. Buchsenanschlüsse verfügen. Beispielsweise sind Mikroschalter mit RAST (Raster-Anschluss-Steck-Technik) Steckanschlüssen verfügbar, die im Rastermaß von z. B. 5 mm auch hohe Lasten in den Mikroschalter einleiten können. Zwar sind diese Schalter mit integrierten Steckanschlüssen hinsichtlich des Bauvolumens etwas größer als gleiche Schalter mit einem Lötanschluss, bieten allerdings entscheidende Vorteile bei der elektrischen Systemanbindung in der Produktmontage. Da standardisierte RAST-Verbindungskabel mit geringem Aufwand herstellbar sind, werden die elektrischen Verbindungen zwischen Mikroschaltern und weiteren elektronischen Komponenten schnell manuell oder sogar voll automatisiert gesteckt. Dies spiegelt sich in Kosteneinsparungen beim Zusammenbau von Produkten mit derartigen Schaltern wider.

6.10 Mechanische Anbindung und Krafteinkopplung

Die mechanische Anbindung beschreibt, wie der Schalter mechanisch in das System integriert wird. Dies umfasst das Schaltergehäuse, also die physische Struktur des Schalters, und die Krafteinkopplung, die die Art und Weise beschreibt, wie die Betätigungskraft auf den Schalter übertragen wird.

Bei der mechanischen Anbindung des Schalters werden unterschiedliche Methoden nach Abb. 6.4 (rechts) zur mechanischen Befestigung genutzt. Die seitliche Montage beschreibt das Auflegen des Mikroschalters auf seiner größten Außenfläche und die zumeist genutzte Kombination aus kraft- und formschlüssigen Verbindungen. Ein Formschluss ist immer da empfehlenswert, wo dynamische Beanspruchungen wie etwa Kraftimpulse oder Schwingungen in der Anwendung auftreten können, die eine Lockerung von kraftschlüssigen Verbindungen – unter anderem über Schraub- oder Steckverbindungen – verursachen könnten.

Die Montagearten umfassen Direktmontage durch Stecken in gegenhaltende Montageclips, Printmontage durch Löten von Terminals auf einer Elektronikplatine, Schraubenmontage über Montagebohrungen sowie eine Klebemontage. Die Wahl der richtigen Integrationsmethode hängt von den spezifischen Anforderungen der Anwendung ab. Darüber hinaus sollten die Anforderungen an die mechanische Stabilität und die Möglichkeit der Integration von zusätzlichen Schutzfunktionen berücksichtigt werden, um die langfristige Zuverlässigkeit des Schalters zu gewährleisten. Bei dieser Montageart ist zudem zu berücksichtigen, dass eventuelle Kabelleitungen bzw. Lötanschlüsse gegen Umgebungseinflüsse durch Vergusskapselung geschützt werden müssen. Entsprechende Anschlussausführungen können als Kabel oder elektrische Stanzbiegeteile ausgeführt werden.

Die mechanische Betätigung kann auch verschiedene Hebeltypen umfassen:

- gerade Schwenkhebel, die eine reine Kraft-Weg-Übersetzung passend zu der Anwendung bewirken,
- Rollen-Schwenkhebel die hervorragende Dauereigenschaften bieten, da keine relative abnutzende Reibung zwischen der Anwendung und dem Hebel auftritt,
- gebogener Schwenkhebel, der über Gleitung ähnlich einem Rollenhebel wirkt, jedoch kostengünstiger ist,
- federnder Hebel der die Rückstellung des Schalters über seine Blattfedereigenschaft unterstützt,
- und Polymerhebel, der beispielsweise eingesetzt wird um eine elektrische Isolation auf Anwenderseite zu gewährleisten.

6.11 Integrationskonzept

Das Integrationskonzept (vgl. Abb. 6.5) beschreibt, wie der Schalter physisch in das System integriert wird. Es wird übergreifend unterschieden zwischen einer Direktmontage durch mechanische Anbindung des Schalters an die Anwendung mit elektrischer Leitungsintegration und der Nutzung von elektronischen Komponententrägern (EKT).

Bei der Direktmontage des Schalters werden keine weiteren Konstruktionselemente zur mechanischen Befestigung außer Schraub- und Nietelemente, genutzt. Die Montagearten umfassen Direktmontage durch Stecken in gegenhaltende Montageclips, Printmontage durch Löten von Terminals auf einer Elektronikplatine, Schraubenmontage über Montagebohrungen sowie eine Klebemontage. Die Wahl der richtigen Integrationsmethode hängt von den spezifischen Anforderungen der Anwendung ab. Darüber hinaus sollten die Anforderungen an die mechanische Stabilität und die Möglichkeit der Integration von zusätzlichen Schutzfunktionen berücksichtigt werden, um die langfristige Zuverlässigkeit des Schalters zu gewährleisten. Bei dieser Montageart ist zudem zu berücksichtigen, dass eventuelle Kabelleitungen bzw. Lötanschlüsse gegen Umgebungseinflüsse durch Vergusskapselung geschützt werden müssen. Entsprechende Anschlussausführungen können als Kabel oder elektrische Stanzbiegeteile ausgeführt werden.

Der technische Trend geht über zum Einsatz von EKTs, da viele Integrationsarbeiten von dem Schalterhersteller direkt geleistet werden können und Schalteranwender nur noch eine vereinfachte Integrationsarbeit bei der Produktmontage vornehmen müssen. Bei diesen Elementen handelt es sich um kleine Funktionseinheiten, zumeist ausgeführt als Kunststoffträger mit integrierten Leitungsbahnen und Steckeranschluss. Die Mikroschalter können über eine kraftschlüssige Steckverbindung mit den Leitungsbahnen in dem Kunststoffträger verbunden werden. An dieser Verbindungsstelle ist auch die Anwendung von elektronischen Subkomponenten, wie Diagnosewiderständen oder Schutzdioden, sinnvoll. Ein Beispiel zu einem EKT ist in Abschn. 7.2 diskutiert. An den Steckeranschluss können wie bei der Direktmontage standardisierte Kabelsätze mit Steckern angesteckt werden. Bei diesen Baugruppen sollten die Anforderungen an die elektrische Isolation und die mechanische Stabilität der Anschlüsse berücksichtigt werden, um eine sichere und zuverlässige Verbindung zu gewährleisten.

7.1 Schwimmschalter in einer Geschirrspülmaschine

Die elektrischen Antriebe und Heizelemente von Großhaushaltsgeräten wie Wasch- oder Geschirrspülmaschinen werden zumeist mit Wechselstrom betrieben. Die in diesen Anwendungen verbauten Komponenten, wandeln elektrische Leistung in mechanische oder thermische Energie, um das zugeführte Wasser zu erwärmen, zu pumpen und zu verteilen. Trotz aller innovativer Steuerungs- und Regelungsprozesse werden Mikroschalter eingebaut, um den Zustand der Maschinen zu überwachen. Am Beispiel einer Geschirrspülmaschine können zwei ähnliche Einsatzszenarien von Miniatur-Schnappschalten diskutiert werden.

Abb. 7.1 zeigt unter Bild a) eine Geschirrspülmaschine, die im unteren Bereich über eine Bodenwanne verfügt. Diese Bodenwanne dient dem Auffangen etwaig auftretender Wasserleckagen aus der Maschine. Tritt mit Abnutzung der Dichtungselemente Wasser aus den Leitungen aus, so muss der Nutzer vor dem aus der Maschine austretendem Wasser geschützt werden. Allerdings wird hierzu ein kritisches Volumen des austretenden Wassers überwacht, wozu eine Mikroschaltereinheit nach Abb. 7.1b eingesetzt wird. Oberhalb der Bodenwanne ist die Einheit, bestehend aus einem Träger und einem Mikroschalter verbaut. Unterhalb des Trägers befindet sich ein beweglich gelagerter Schwimmkörper aus Polystyrol. Abb. 7.1c zeigt den Funktionsablauf: Füllt sich nun die Bodenwanne mit Wasser (was durch eine Maschinenfehlfunktion bedingt ist) wird über die erzeugte Auftriebskraft der Schwimmkörper angehoben. Mit dieser geringen Kraft wird nun der Stößel des gezeigten Mikroschalters betätigt. Der Schwimmschalter ist so angeschlossen, dass er entweder die Hauptstromzuführung zur Geschirrspülmaschine unterbrechen oder auch ein logisches Signal zur Fehlererkennung mit Auslösung von Sicherheitsrelais direkt umsetzen kann.

© Der/die Herausgeber bzw. der/die Autor(en), exklusiv lizenziert an Springer Fachmedien Wiesbaden GmbH, ein Teil von Springer Nature 2025
A. Czechowicz, *Mikroschalter in der Praxis*,
https://doi.org/10.1007/978-3-658-49413-1_7

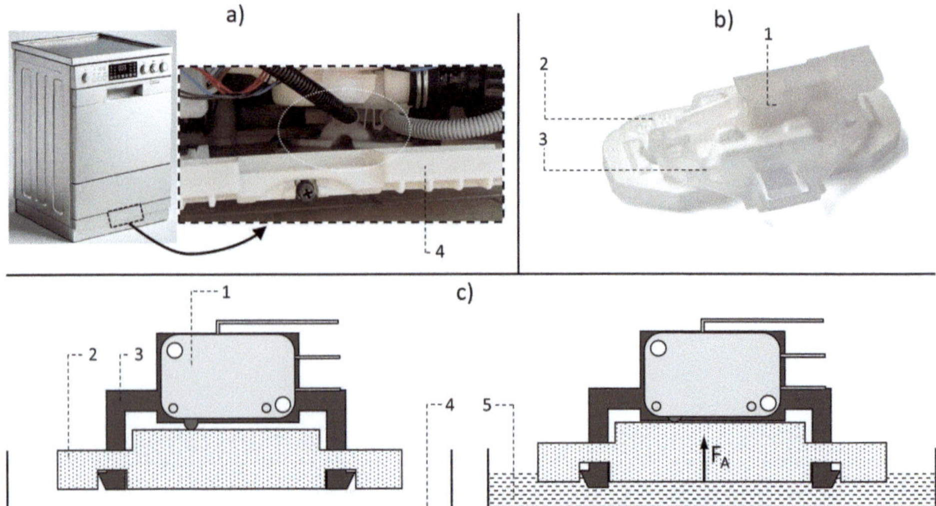

Abb. 7.1 Anwendungsbeispiel eines Miniatur-Schnappschalters als Schwimmschalter in der Geschirrspülmaschine, (**a**) Installation des Schwimmschalters in der Geschirrspülmaschine, (**b**) Aufbau der Schwimmschaltereinheit, 1) Mikroschalter, 2) Polystyrol-Schwimmer, 3) Halterung; (**c**) Schematische Funktionsweise (links) in Ruhestellung, (rechts) 4) Bodenwanne mit 5) Wasser gefüllt mit resultierender Auftriebskraft F_A

7.2 Elektronischer Komponententräger in der Autositzverstellung

Elektronische Komponententräger vereinfachen anwenderseitig die Integrationsprozesse von Mikroschaltern in elektromechanische Konstruktionen. Unter besonderem Kosten- und Effizienzdruck steht die Automobilindustrie, welche unterschiedliche Funktionen über Mikroschalter erfasst. Ein Beispiel aus der Branche ist die Überwachung der Position von Autositzen (vgl. Abb. 7.2). Moderne Autositze verfügen über eine Überwachung der Verstellung bzw. der Feststellung der Positionsausrichtung. Die Mikroschaltereinheit die hierbei eingesetzt wird kann auf einem kleinen elektronischen Komponententräger eingebaut werden. Dabei beinhaltet der EKT den Mikroschalter selbst, den Betätigerhebel, Montagevorrichtungen zur Integration in das Gesamtsystem, integrierte Kleinstelektroniken zur Realisierung einer widerstandsbasierten Diagnosefunktion und eines elektrischen Steckeranschlusses.

Diese modulare Konzipierung löst in der Automobilzulieferindustrie mehrere Probleme: Zum einen übernimmt der EKT-Lieferant die Ausrichtung der feinmechanischen Komponentenpositionierung Hebel, Montagevorrichtungen des Schalters und grober Montagefeatures des EKT (z. B. Schraubendurchführungen) zur Anwendung. Zum anderen wird die Einheit angepasst an verwendete Steckerstandards, was eine sonst übliche Lötmontage bei der Integration überflüssig macht. Durch die Kompaktheit der Anwendung

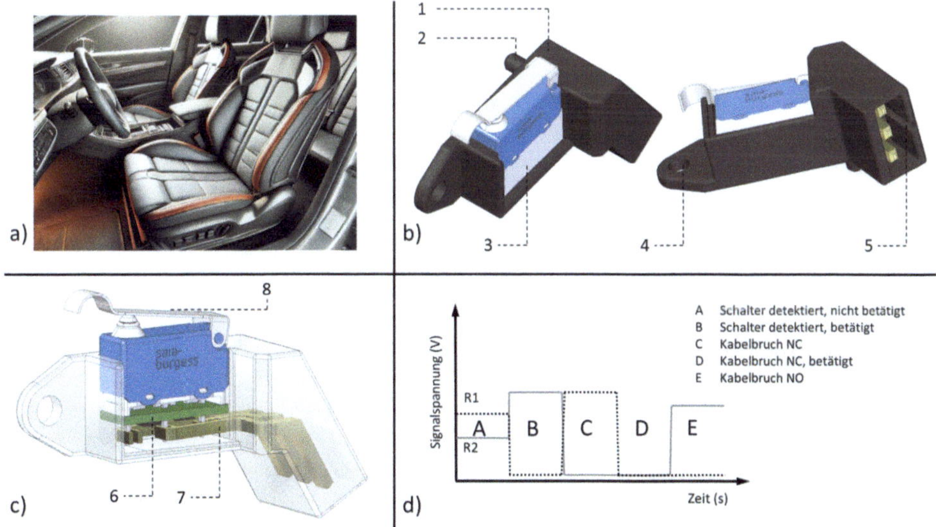

Abb. 7.2 Anwendung von Mikroschnappschaltern in der Automobilsitz-Verstellung, (**a**) Moderne Automobilsitze, (**b**) elektronischer Komponententräger, 1) Gehäuse, 2) Installationsbolzen, 3) Versiegelungsmasse, 4) Schraubendurchführung; (**c**) Innere Struktur des elektronischen Komponententrägers, 6) Elektronikplatine mit Widerständen und Kontaktanschlüssen, 7) gestanzte Kontaktbleche, 8) Ultraminiatur-Schnappschalter mit Hebelbetätiger

können auch elektronische Zusatzfunktionen, abgedichtet in der Einheit über eine Versiegelungsmasse, eingebracht werden.

Die Diagnosefähigkeit von Mikroschaltern ist zudem nicht nur der Automobilindustrie eine zunehmend geforderte Funktion. Dabei können durch Beschaltung und Schalterzustand unterschiedliche analoge Schaltsignalkombinationen (vgl. Abb. 7.2d) erzeugt werden. Aus den Schaltsignalen können etwaige Kabelbrüche, Schaltzustände oder auch die Demontage des EKTs ausgelesen werden.

7.3   Zweihandschaltung in Gartengeräten

Elektrische Gartenwerkzeuge und Powertools, die über zwei Schalter bedient werden, müssen strenge Sicherheitsrichtlinien erfüllen, um das Verletzungsrisiko zu minimieren. Eine zentrale Norm in diesem Bereich ist die EN ISO 13851 (früher EN 574), die Anforderungen an Zweihandschaltungen festlegt. Diese Norm stellt sicher, dass beide Hände des Bedieners während des Betriebs an den Bedienelementen bleiben, um Verletzungen zu vermeiden.

Zu den Hauptanforderungen der EN ISO 13851 gehört die gleichzeitige Betätigung beider Bedienelemente, um die Maschine zu starten. Dies stellt sicher, dass der Bediener beide Hände an den Bedienelementen hat und somit nicht in die Gefahrenzone greifen

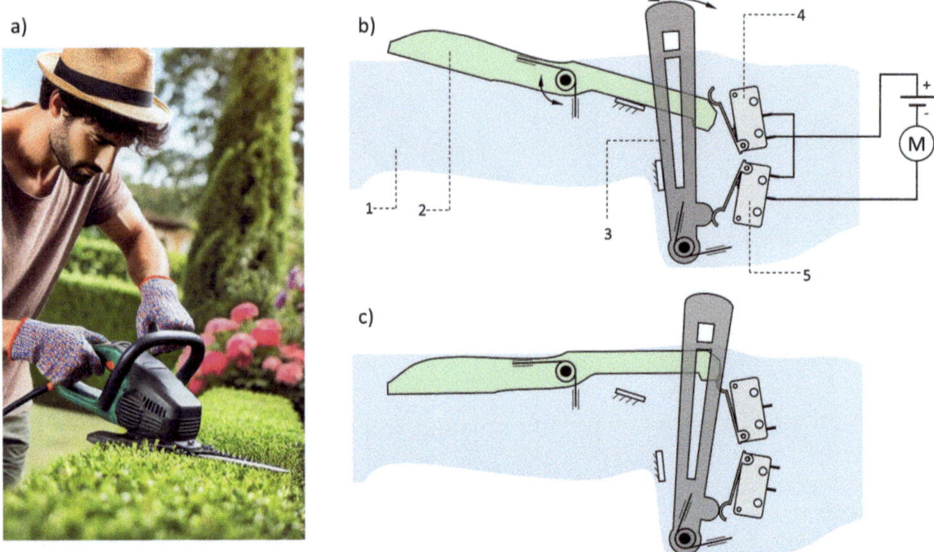

Abb. 7.3 (**a**) Mikroschalteranwendung in Gartengeräten mit Zweihandbedienung; (**b**) inaktiver Zustand, 1) Gerätegriff, 2) Bedienhebel, 3) Sicherheitshebel (2. Hand), 4) Mikroschalter zum Bedienhebel, 5) Mikroschalter zum Sicherheitshebel; (**c**) aktiver Zustand

kann. Ein weiterer wichtiger Punkt ist der Sicherheitsabstand. Der Abstand zwischen den Bedienelementen und der Gefahrenstelle muss so berechnet werden, dass die Gefahr beendet wird, bevor der Bediener sie erreichen kann. Dies verhindert, dass der Bediener während des Betriebs in gefährliche Bereiche gelangt. Zudem müssen Maßnahmen ergriffen werden, um eine versehentliche Betätigung oder das Umgehen der Schutzeinrichtung zu verhindern. Dies kann durch mechanische oder elektronische Sicherungen erreicht werden, die sicherstellen, dass beide Schalter bewusst und gleichzeitig betätigt werden müssen. Hieraus ergibt sich ein Schaltungsdesign bei Gartengeräten und Powertools die über zwei Hebelbetätiger geschaltet werden (vgl. Abb. 7.3).

Elektrische Gartenwerkzeuge wie Heckenscheren, Astscheren und Kettensägen sowie Powertools wie Bohrmaschinen und Schleifgeräte sind oft mit einer Zweihandschaltung ausgestattet. Diese Geräte verwenden zwei Hebel, die jeweils einen Mikroschalter betätigen. Nur wenn beide Hebel gleichzeitig gedrückt werden, wird der Stromkreis geschlossen und das Gerät aktiviert. Jeder Hebel ist mit einem Mikroschalter verbunden. Wenn der Bediener beide Hebel nacheinander drückt, werden die Mikroschalter aktiviert und der Stromkreis wird geschlossen, da die Mikroschalter elektrisch in Reihe geschaltet sind. Dies verhindert, dass das Gerät versehentlich gestartet wird, wenn nur ein Hebel betätigt wird. Beide Hebel sind mechanisch (z. B. mit Schenkelfedern) vorgespannt. Wird auch nur ein Hebel losgelassen, springt der Hebelmechanismus direkt zurück. Hier ist auch die definierte Rückstellung über den Schnappmechanismus von Mikroschnappschaltern wichtig. Dieser setzt den Kontaktmechanismus in einer definierten Stellzeit (z. B. unterhalb von 10 ms) zurück, was die Energiezuführung zu dem genutzten Elektromotor unterbricht. Die Anforderungen an die Kontaktelemente sind in diesen Anwendungen besonders hoch, da keine Verschweißungen der Kontakte zulässig sind, da sonst das entsprechende Gerät auch im Notfall nicht abschalten könnte. Die Reihenschaltung beider Schalter grenzt den unwahrscheinlichen Fall einer Fehlfunktion durch Kontaktverschweißung ein.

Zukünftige Entwicklungen in Mikroschaltern

8

In einer Welt, die zunehmend von Umweltbewusstsein und Nachhaltigkeit geprägt ist, rückt die Betrachtung der Umweltverträglichkeit von Produkten und Prozessen immer mehr in den Fokus. Mikroschalter, als essenzielle Komponenten in zahlreichen elektronischen Geräten, sind keine Ausnahme. Ein zentraler Punkt ist der CO_2-Fußabdruck, der während der Herstellung und des Transports von Mikroschaltern entsteht. Untersuchungen zeigen, dass der Großteil der CO_2-Emissionen auf den Lieferpfaden entsteht. Effiziente Produktionsprozesse und kurze Lieferketten können dazu beitragen, den CO_2-Ausstoß erheblich zu verringern. Da Lieferketten gerade auch bei Commodity Produkten sehr komplex sein können, spielen innovative Ansätze und moderne KI-Technologien eine wesentliche Rolle bei der Optimierung. Hier setzt die aktuelle Entwicklung an. Aber auch die Rohstoffe, aus denen Mikroschalter gefertigt werden, haben eine große Bedeutung für ihre Umweltbilanz. Hierbei sind sowohl die Abbaubedingungen als auch die Recyclingfähigkeit der Materialien von Bedeutung. Eine vielversprechende Alternative stellen biobasierte Kunststoffe dar, die aus nachwachsenden Rohstoffen gewonnen werden und eine geringere Umweltbelastung aufweisen.

Eng mit dem steigenden Umweltbewusstsein und Nachhaltigkeitsstreben verbunden ist der steigende Bedarf an Gleichstromschaltern („DC-Schalter"). Erneuerbare Energiequellen wie Solar- und Windkraft erzeugen von Natur aus Gleichstrom. Um die Effizienz dieser Systeme zu maximieren, ist es sinnvoll, den erzeugten Gleichstrom direkt zu nutzen, anstatt ihn in Wechselstrom (AC) umzuwandeln, was zu Energieverlusten führt. Weiterhin arbeiten Batterien und andere Energiespeichersysteme ebenfalls mit Gleichstrom. Der direkte Einsatz von DC-Schaltern (vgl. Abb. 8.1) in diesen Systemen ermöglicht eine effizientere Steuerung und Verteilung der gespeicherten Energie. Dies ist besonders relevant in Zeiten, in denen die Nachfrage nach Energiespeicherlösungen aufgrund der zunehmenden Integration erneuerbarer Energien in das Stromnetz steigt. Ein

© Der/die Herausgeber bzw. der/die Autor(en), exklusiv lizenziert an Springer Fachmedien Wiesbaden GmbH, ein Teil von Springer Nature 2025
A. Czechowicz, *Mikroschalter in der Praxis*,
https://doi.org/10.1007/978-3-658-49413-1_8

79

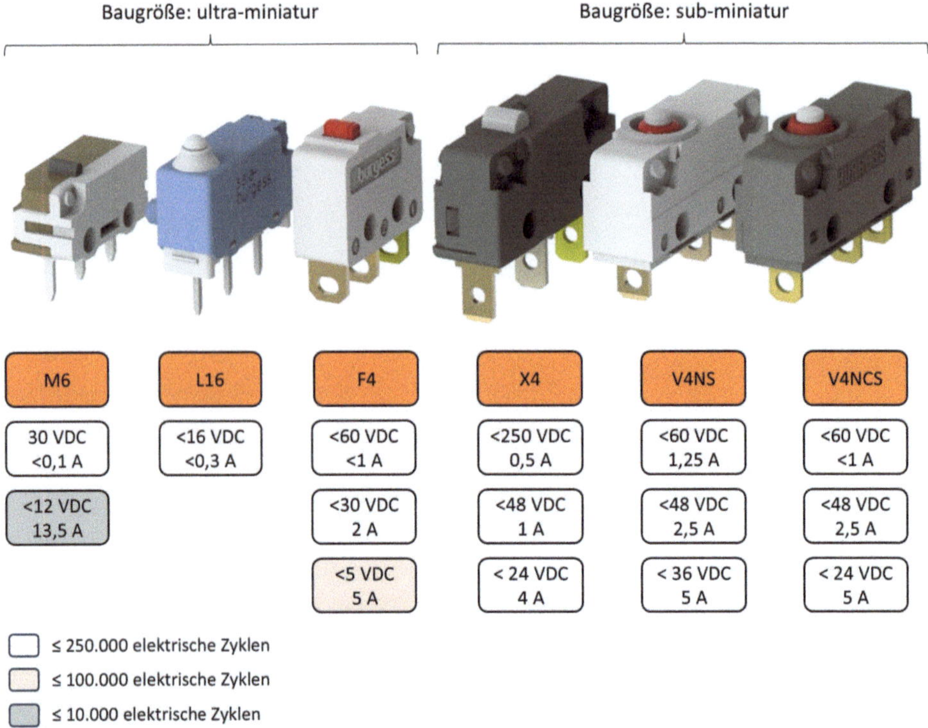

Abb. 8.1 Beispiele an Sub-Miniatur- und Ultra-Miniatur-Schnappschaltern mit ausgewählten Schaltstrom- und Spannungsangaben für Gleichstromanwendungen

weiterer wichtiger Aspekt ist die Veränderung des Spannungsniveaus in Elektrofahrzeugen. Während herkömmliche Fahrzeuge meist mit 12-Volt-Systemen arbeiten, nutzen Elektrofahrzeuge oft höhere Spannungen, wie 48 V oder sogar 400 V und mehr.

Diese höheren Spannungsniveaus erfordern Mikroschalter, die für diese Bedingungen ausgelegt sind und eine sichere sowie zuverlässige Funktion gewährleisten. Dies stellt zusätzliche Anforderungen an die Entwicklung und Qualität der Mikroschalter, um den steigenden Ansprüchen der Elektromobilität gerecht zu werden. Kabelmanagement und Kabelverbindungen in Industrie- und Automobilanwendungen, aber auch in Haushaltsgeräten erhöhen die Komplexität Produktion erheblich und stellen Ingenieure immer wieder vor Herausforderungen. Besonders kritisch sind Lötverbindungen, die sich nur schwer automatisieren lassen. Schalter mit integrierter standardisierter Anschlussbuchse, wie z. B. der RAST 2.5 Mikroschalter (siehe Abb. 8.2), sind daher die ideale Lösung für Unternehmen, die kostengünstige, zuverlässige und platzsparende Komponenten für ihre Designs suchen. Die RAST 2.5 Verbindung ist eine branchenübliche Lösung die in den Bereichen wie Haushaltsgeräten, Industrieanlagen und Automobilanwendungen weit verbreitet ist. Ihre Beliebtheit beruht auf ihrer zuverlässigen Leistung, einfachen Handhabung und vielseitigen Kompatibilität. Dabei können mit den Verbindungen sowohl Signalströme

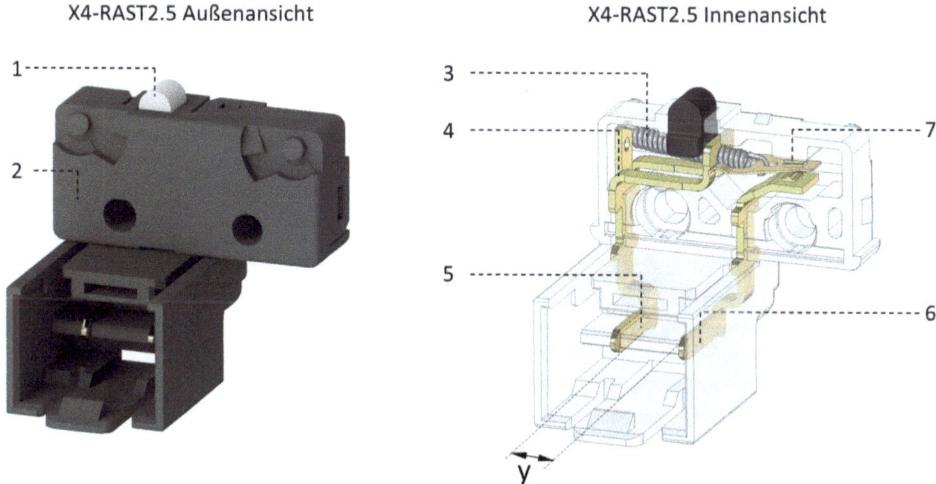

Abb. 8.2 Sub-Miniaturschalter X4 mit integriertem RAST-2.5 Steckeranschluss, 1) Stößel, 2) Gehäuse, 3) Zugfeder, 4) COM-Kontakt, 5) RAST-2.5 Steckergeometrie, 6) beweglicher Kontakt, 7) NO-Kontakt

als auch Lastströme bis etwa 6A übertragen werden. Durch Integration direkt in den Mikroschalter mit Hilfe gebogener Terminals entfallen zusätzliche Prozessschritte bei der Produktion. Aber auch der Einbau des Mikroschalters in die Applikation ist durch die Reduktion von Produktionszeit, Produktionsschritten und Material kosteneffizient.

Neben der Aufnahme von Steckbuchsen, lassen sich auch andere elektronische Funktionen direkt in einen Schalter integrieren. Dabei werden die integrierten Funktionen in unterschiedlichsten Applikationen genutzt. So können Schalter mit Sensor-, Aktor- und Informationsverarbeitenden Komponenten kombiniert werden, wobei die Hauptfunktion der Ausführung einer Ein- bzw. Ausschaltung von zumeist Lastströmen erhalten bleibt. Beispiel ist in Abb. 8.3 ein mechanischer Wippenschalter mit integrierter Rückstellfunktion aufgeführt. Der Wippenschalter kann zum Schalten eines Laststroms betätigt werden. Dabei wird die Schaltwippe von einem elektromagnetischen Schaltsystem vorgespannt in der eingeschalteten Lage gehalten. Der Elektromagnet wird auf einer Elektronikplatine über einen Mikrocontroller gesteuert. Wird dem Elektromagneten sein Haltestrom deaktiviert, springt die Mechanik zurück in die inaktive Schalterstellung. Der zuvor durchgelassene Laststrom wird damit durch den Schalter getrennt. Somit ist auch bei einem Stromausfall gewährleistet, dass der Schalter in die trennende Funktion gesetzt wird. Durch die Steuersoftware kann der Mikrocontroller die Rückstellung des Schalters nach einer bestimmten Zeit oder über ein zusätzliches Signalinterface veranlassen. Durch Erweiterungen der Elektronik, kann auch eine Kopplung des Mikrocontrollers mit drahtlosen Netzwerken (z. B. WLAN) erfolgen.

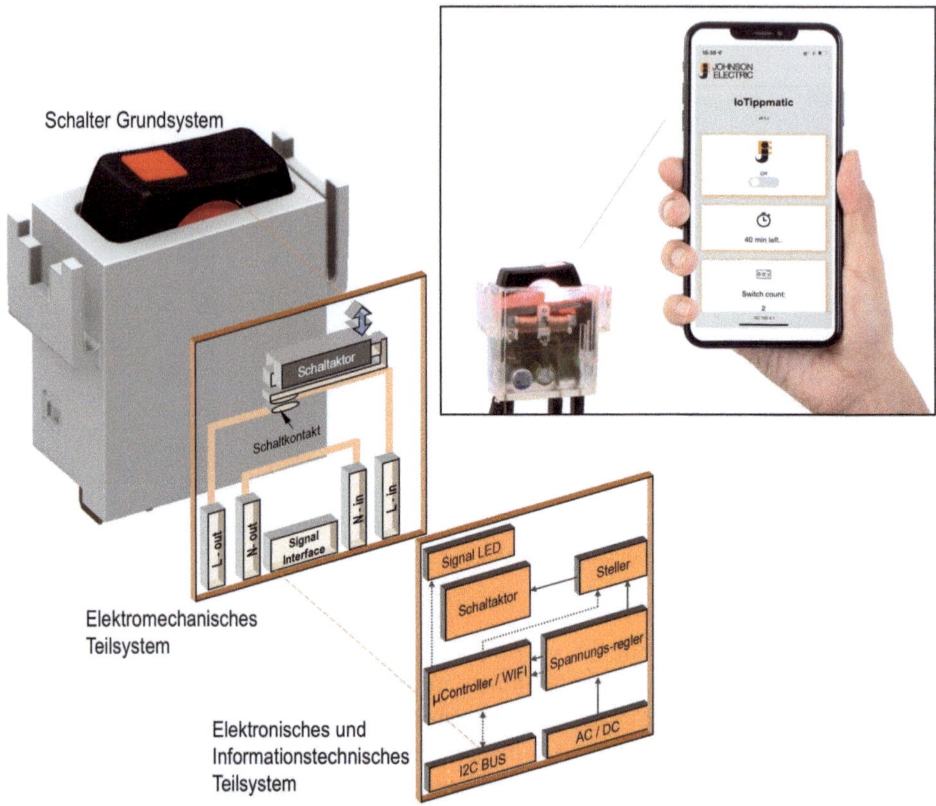

Abb. 8.3 Wippen-Bedienschalter mit integriertem mechatronischem Sensor-Aktor-Modul zur Fernüberwachung, Einschalt- und Ausschaltbedienung über WLAN bzw. Internet der Dinge

Glossar

Betätigungskraft (F_B) Die Kraft, die erforderlich ist, um den Schalter zu betätigen.

Beweglicher Kontakt (MC-Kontakt) Der Kontakt, der sich bewegt, um die Verbindung zwischen den festen Kontakten herzustellen oder zu trennen.

Diagnose- und Überwachungsfunktionen Funktionen, die die Überwachung und Diagnose des Schalters ermöglichen.

Differenzkraft Die Differenz zwischen der Umschalt-Betätigungskraft und der Rückschaltkraft.

Differenzweg Die Differenz zwischen dem Vorlaufweg und dem Rücklaufweg.

Elektrische Isolation Die Fähigkeit der Anschlüsse des Schalters, eine sichere und zuverlässige Verbindung zu gewährleisten.

Elektrische Lebensdauer Die Anzahl der Schaltzyklen, die der Schalter unter elektrischer Last zuverlässig durchführen kann.

Elektrische Systemanbindung Die Art und Weise, wie der Schalter in das elektrische System integriert wird.

Elektrische Zertifizierungen Zertifizierungen, die sicherstellen, dass der Schalter den internationalen Normen und Vorschriften entspricht.

Elektromagnetische Verträglichkeit (EMV) Die Fähigkeit des Schalters, in einer Umgebung mit elektromagnetischen Störungen zuverlässig zu funktionieren.

Endstellung Die Position des Stößels am Ende des zulässigen Stößelwegs.

Funktionskonzept Die Beschreibung, wie der Schalter in das Gesamtsystem integriert wird.

Gesamtweg Der maximal zulässige Stößelweg.

IP Schutzart Ein zweistelliger Code, der den Schutz des Schalters gegen Fremdkörper und Wasser beschreibt.

Integrationskonzept Die Beschreibung, wie der Schalter physisch in das System integriert wird.

Kontaktabbrand Der Materialverlust an den Kontaktstellen durch den Lichtbogen beim Schalten.

A. Czechowicz, *Mikroschalter in der Praxis*,
https://doi.org/10.1007/978-3-658-49413-1

Kontaktkraft (FK) Die Kraft, die zwischen den Kontakten wirkt, um eine zuverlässige elektrische Verbindung zu gewährleisten.

Krafteinkopplung Die Art und Weise, wie die Betätigungskraft auf den Schalter übertragen wird.

Kriechstromfestigkeit Die Fähigkeit eines Schalters, unerwünschten elektrischen Strömen entlang der Oberfläche eines Isolators zu widerstehen.

Lebensdauer Die Anzahl der Schaltzyklen oder die Zeit, in der der Schalter unter normalen Betriebsbedingungen innerhalb der vorgegebenen Toleranz arbeitet.

Lebensdauer im Nennarbeitsbereich Die Anzahl der Schaltzyklen, die der Schalter unter elektrischer Last zuverlässig durchführen kann.

Leerlaufweg Der Stößelweg, der nach dem Rückumschalten bei weiterer externer Entlastung verfahren wird.

Leistungsströme Höhere Ströme, die direkt elektrische Verbraucher antreiben.

Mechanische Anbindung Die Art und Weise, wie der Schalter mechanisch in das System integriert wird.

Mechanische Lebensdauer Die Anzahl der möglichen Schaltspiele ohne elektrische Belastung.

Mechanische Schaltcharakteristik Die Bewertung der mechanischen Leistung des Schalters, einschließlich der Betätigungskraft und des Schaltwegs.

Mechanische Stabilität Die Fähigkeit des Schalters, den mechanischen Belastungen der spezifischen Anwendung standzuhalten.

Nachlaufweg Der Stößelweg, um den der Stößel nach dem Umschalten noch in den Mikroschalter sicher eingefahren werden kann.

Normal geschlossener Kontakt (NC-Kontakt) Ein Kontakt, der in der geschlossenen Position bleibt, bis er betätigt wird.

Normal geöffneter Kontakt (NO-Kontakt) Ein Kontakt, der in der offenen Position bleibt, bis er betätigt wird.

Prellen Das unerwünschte Abprallen der Kontakte nach dem Berühren, was zusätzliche elektrische Schließ- und Öffnungsvorgänge verursacht.

Rücklaufweg Der Stößelweg zwischen Endstellung und Rückschaltpunkt.

Rückschaltpunkt Die Position des Stößels, an dem der Schnappmechanismus bei Reduktion der externen Betätigungskraft zurückspringt.

Schaltcharakteristik Die spezifischen Eigenschaften des Schalters, wie Betätigungskraft und Schaltweg.

Schaltfrequenz Die Häufigkeit, mit der der Schalter betätigt wird.

Schaltfunktion Die Beschreibung, wie der Schalter arbeitet, z. B. normal geschlossen, normal geöffnet oder als Umschalter.

Schaltgenauigkeit Die Reproduzierbarkeit des Schaltweges innerhalb der Schalterlebensdauer.

Schalthysterese Der Unterschied zwischen den Betätigungskräften beim Umschalten und beim Rückschalten eines Schalters.

Schaltkontaktstelle Die Stelle, an der die elektrischen Kontakte eines Schalters zusammenkommen, um den Stromfluss zu ermöglichen oder zu unterbrechen.

Schaltkontaktwiderstand Der Widerstand, der an der Kontaktstelle eines Schalters auftritt.

Schaltleistung (Ps) Das Produkt aus elektrischer Spannung und dem elektrischen Strom, der durch den Schaltstromkreis fließt.

Schaltlichtbogen Ein Energieblitz, der beim Öffnen oder Schließen der Kontaktstelle entsteht und die Kontaktstelle schädigen kann.

Schaltpunkt Die Position des Stößels, bei der eine Umschaltung bedingt durch die externe Betätigungskraft stattfindet.

Schutzfunktionen Funktionen, die sicherstellen, dass der Schalter unter verschiedenen Umgebungsbedingungen zuverlässig funktioniert.

Signalströme Ströme unterhalb von 1 A, die in elektronischen Produktanwendungen genutzt werden.

Sonderbeanspruchungen Spezifische Tests und Zertifizierungen, die sicherstellen, dass der Schalter unter besonderen Bedingungen zuverlässig funktioniert.

Temperaturanstiegstest Ein Test, der den Temperaturanstieg des Schalters unter Last misst.

Temperaturbeständigkeit Die Fähigkeit eines Schalters, unter verschiedenen Temperaturbedingungen zuverlässig zu funktionieren.

Thermische Stabilität Die Fähigkeit der Materialien des Schalters, den Temperaturanforderungen der Anwendung standzuhalten.

Umschaltkraft (FBu) Die Kraft, bei der der Sprungmechanismus aufgrund der äußeren Betätigung umschnappt.

Umwelttests Tests, die die Beständigkeit des Schalters gegen verschiedene Umwelteinflüsse wie Temperaturwechsel, Feuchtigkeit und Vibration bewerten.

Vergusskapselung Der Schutz des Schalters durch Vergussmaterial, um ihn vor äußeren Einflüssen zu schützen.

Vorlaufweg Der Stößelweg, der ab der freien Position zum Umschalten aufgebracht werden muss.

Zwangsöffnerfunktion Eine Sicherheitsfunktion, die sicherstellt, dass der Schalter in einer bestimmten Position bleibt.

Quellenverzeichnis

1. Balgheim, U., Gäßmann, J., & Jaworek, B. (2019). Switch (U.S. Patent No. 10,504,665). U.S. Patent and Trademark Office.
2. Vinaricky, Eduard (Hrsg.). Elektrische Kontakte, Werkstoffe und Anwendungen: Grundlagen, Technologien, Prüfverfahren. Springer Vieweg, Berlin, Heidelberg, 2016. https://doi.org/10.1007/978-3-642-45427-11.
3. Behrens, Volker. Elektrische Kontakte: Werkstoffe, Gestaltungen und Anwendungen in der Nachrichten-, Automobil- und Energietechnik. Expert Verlag, 3. völlig neu bearbeitete Edition, 2010. ISBN: 978-3816922926
4. DODUCO GmbH. *Datenbuch der elektrischen Kontakte*. 3. überarbeitete Auflage, Stieglitz-Verlag, Mühlacker, 2012. ISBN: 978-3-7987-0410-7

Stichwortverzeichnis

A
Applikationsparameter 65

B
Bedienschalter 12
Betätiger 21
Betätigungskraft 14, 17

D
Dichtung 35

E
Engewiderstand 41

F
Feinkornsilber 49
Flächenkontakt 47
Fremdschichtwiderstand 42

G
Gleitkontaktschalter 26
Gold 50

H
Hartsilber 50
Hebelbetätiger 76

I
Installationsbohrung 32
Installationsbolzen 32
Integrationskonzept 71
IP-Schutzklasse 54
IP-Schutzklassen 36

K
Komponententräger 74
Kontaktkraft 18
Kontaktwiderstand 42
Krafteinkopplung 70

L
Lebensdauer, elektrische 34, 45, 58
Lichtbogen 43
Lichtbogengrenzkurven 45
Linienkontakt 47

N
Nachlaufweg 17

P
Platin 50
Positionsschalter 12
Potentiometer 27
Prellen 48
Punktkontakt 47

S
Schaltkreiswechsler 12
Schaltleistung 30
Schnappmechanismus 54
Schwimmschalter 73
Signalschalter 67
Sprungmechanismus 14

T
Temperaturanstieg 57
Temperaturspitze 46
Temperaturwechseltest 56
Trigger-Schalter 27

U
Umschaltverhalten 20

V
Vibrationsfestigkeit 56

Z
Zertifizierung 69
Zwangsöffnung 25
Zweihandschaltung 75